立家规·正家风丛书

U0679339

正心 正身 正己

【修身之道】

范宸 ◎ 著

中华工商联合出版社

图书在版编目（CIP）数据

正心　正身　正己／范宸著. -- 北京：中华工商
联合出版社，2016.10
　　（立家规·正家风丛书／和力，范宸主编）
　　ISBN 978 - 7 - 5158 - 1815 - 3

　　Ⅰ.①正… Ⅱ.①范… Ⅲ.①人生哲学 - 通俗读物
Ⅳ.①B821 - 49

中国版本图书馆 CIP 数据核字（2016）第 252129 号

正心　正身　正己

作　　者	范　宸
责任编辑	吕　莺　张淑娟
封面设计	信宏博
责任审读	李　征
责任印制	迈致红
出版发行	中华工商联合出版社有限责任公司
印　　刷	唐山富达印务有限公司
版　　次	2017 年 1 月第 1 版
印　　次	2022 年 2 月第 2 次印刷
开　　本	787mm×1092mm　1/32
字　　数	100 千字
印　　张	7
书　　号	ISBN 978 - 7 - 5158 - 1815 - 3
定　　价	48.00 元

服务热线：010 - 58301130
销售热线：010 - 58302813
地址邮编：北京市西城区西环广场 A 座
　　　　　 19 - 20 层，100044
http：//www.chgslcbs.cn
E-mail：cicap1202@ sina.com（营销中心）
E-mail：gslzbs@ sina.com（总编室）

前 言

唯正己所以化人，唯正心所以修身

人生在世，每个人都想取得成功，获得幸福。有些人虽然想方设法、费尽心机，结果却常常适得其反，成功、幸福总是与他们擦身而过。究其原因，是他们的内在修养不足，他们不知道要想成功需要具备什么样的条件。

陶铸先生曾经说过："一个人有了崇高伟大的理想，还一定要有高尚的品德。没有高尚的品德，再崇高再伟大的理想也是不能达到的。"事实上，我们要想取得成功，获得幸福，首先要具备三个方面的因素，即高尚的道德、健康的心态、正确的行为。人只有道德素质达到一定的高度，心态才能积极向上，待人才能处事正确、得体，人最终也才能取得成功，获得幸福。

本书分为"正心"、"正身"、"正己"三个部分，向读者朋友们阐明了其中的要旨和它们对于一个人成功的重大意义，并介绍了一些提高自身修养、约束和规范自身行为以及求善省察的方法。

在"正心"部分，本书深入浅出地向读者朋友阐述了为什么人要保持本心、培养善性以及自行省察、自我反省，目的是提高自己的修养。

在"正身"部分，本书向读者朋友们介绍了勇敢执着、勤俭节约、重德守孝、团结友爱、以和为贵等优秀的文化传统和道德品质，促使大家能积极地投身到行动中去。

在"正己"部分，讲述了自律对于人具有的积极意义。2700多年前的《诗经》中有这样一句话："高山仰止，景行行止。"意思是说，道德高尚的人犹如一座巍峨的大山，让人仰慕；道德高尚犹如一条宽阔的大道，引导着人们前进。所以，提升自己的自律修养，对一个人来说是一种积极的力量，能促人向上。

"正心、正身、正己"，是个人实现自身价值、走向成功的必由之路。纵观中国历朝历代，往往是"大德之行，必有大治"。人们也常说："先做人，后做事"由此说明，"正心、正身、正己"是人的立身之本，是决定一个人事业成败的关键。

本书通过一则则旁征博引的事例，希望读者朋友们能够对"正心"、"正身"、"正己"理解得更加深刻，从而不断地完善自己的品格，提升自己的修养，在人生道路上，为取得成功、获得幸福打下坚实的基础。

目 录

上篇　正心

中篇 正身

下篇 正己

上篇

正心

心是人的灵魂所在

人最宝贵的是什么？是地位？是财富？是权势？还是美貌？不，都不是。人最宝贵的是拥有一颗跳动的心。这颗心若具有可贵的美德和高尚的情操就不会蒙尘，不会让人行动失去方向。宽容大度的人，会以宽容的目光欣赏生活，体谅他人，是因为他有一颗宽容的心；心地善良的人，对谁都伸出友爱之手，是因为他有一颗善良的心；对人友善的人，身边不缺少朋友，在困难时有朋友帮忙，是因为他有一颗爱心。

人以"度己"之心"度人"可得到理解和体谅，是一种爱心的付出。温家宝总理在一次答记者问时说："如果我们的国家有比黄金还要贵重的诚信，有比大海还要宽广的包容，有比高山还要崇高的道德，有比爱自己还要宽宏的博爱，那么，我们这个国家就是一个具有精神文明和道德力量的国家。"而这一切源于人人有仁心、爱心。

中华民族向来崇尚以德容人、容己、容天下、容万事。但做到"容"是极为不容易的，这需要有一颗"伟大的心"。人的心也要修炼，倘不修炼，会生锈，会蒙尘。容人容事看似容易，能做到非常不易。因为，包容之中，心会无形中显示着一股深邃；深邃之中，透露着大气；大气之中，又彰显着无尽的力量——这是心包容的博大精深。

在中国历史上，有气度、有涵养的名人良将灿若群星。据史书记载，三国蜀将蒋琬是一位心量很大的朝廷重臣。蒋琬的部下杨戏是一个性格狂傲粗疏之人，蒋琬与他商量事情，他常不应不理。有人看不过去，就对蒋琬说："杨戏真是太不尊敬你。"蒋琬说："人心的不同，正如人的面孔各异一样。表面上服从别人，背后又说反对的话，这是古人引以为戒的啊！要让杨戏赞同我，这违反了他的本性，要杨戏说反对我的话，又凸显了我的错误，因此，他只好沉默，这正是杨戏耿直的地方啊！"位高权重的蒋琬看人心能如此，充分说明他的心胸宽广；他能如此处事待人，足见其心量之大。

心量依于德行，一个德行很高的人，其心量必定很大。心量大也是一种处世智慧，因为心量大的人能正确对待不同意见，很好地化解矛盾，消除争端，促进人与人之间的交往。

宋朝的韩琦一次与范仲淹议事时，因意见不合，范仲淹拂袖就要离去。此时，韩琦自后面一把拉住范仲淹的手，说："有什么事不可以再商量呢？"韩琦满面和气，范仲淹见此，怒气顿消。

人非圣贤，何况，就算是圣贤也会有一失之时，那么，我们为何不能宽容别人的无礼或过失呢？如果我们有韩琦的心量，那么有何事不能办成呢？

有这样一个故事：德国一次军队庆功会上，一位年轻的士兵斟酒时不慎将酒洒到乌戴特将军的秃头上。那位士兵顿时吓呆了，会场中一片寂静。但是，乌戴特将军并没有生气，他轻抚那位士兵的肩头，说道："老弟，你以为这种治疗能生头发吗?"全场立即爆发出一阵笑声,人们紧绷的心弦松了下来,盛宴又恢复了热烈欢乐的气氛。

从乌戴特将军的身上,我们可以看到他的心量之大。试想,如果乌戴特将军认为将酒洒到自己头上有损自己的尊严,大发雷霆,严词训斥,那么盛宴上会有怎样的气氛?他又会给人留下怎样的印象?所以,后人称赞乌戴特将军是一个有涵养、有心量、有胸怀的人。

与人交往,最重要的是学会以"度己"之心"度人",即不管是与陌生人相处还是与熟悉之人相处,都要体谅对方。就算别人冒犯了你,事情已经发生,就要理解、原谅别人,甚至要宽容别人的过分之举,拿出自己的善良之心,千万不可不分场合,劈头盖脸地指责他人,这样只能引起他人的反抗,甚至引发争执,不仅不能真正解决问题,还会激化矛盾,心地善良、能包容人的人,一定会让他人从心底对你肃然起敬,无形中让自己的形象高大起来。即使他人冒犯你也会发自真心地向你表示真诚的歉意。

心的善良、包容不是天生的,它关乎人的德行,也关乎人的见识，有德识者方能有大心量。而德行需要靠人不断地学习、培养、提升，才能慢慢养成。

时代在发展，社会在进步。时代越发展，形形色色的带有强烈个性的事物就越多；社会越进步，每个人的个人色彩就越浓。所以，要维护社会的和谐，就需要每个人都提高修养，要正心，不让心蒙尘、生锈，养成高尚的品德，具备大度的气量。我们可以不同意别人的观点，可以看不惯他人的行为但要学会尊重他人、理解他人、体谅他人。

社会由人组成，人作为社会的主体，推动社会进步是人们责无旁贷的重任。如果心善人美，社会就会和谐发展，如果自私自利，只顾自己，心不美，社会发展就会出现问题。所以，心的修养是我们每个人都有责任、有义务去培养和提升的。

千里之行，始于足下。为了培养心的好品性，我们应该从身边的小事一点一滴地做起，日积月累，这样，我们就会慢慢养成善良的品性、慈爱的仁心，拥有更轻松愉快的人际交往氛围，从而在人生的道路上越走越顺利。

君子和而不同，求同存异

人与人交往要遵循一些准则，其中之一就是"求同存异"。就像世界上没有两片完全相同的树叶一样，每个人也都是独一无二的：每个人特殊的遗传基因的组合，决定了各自每个人有不同的生理条件；每个人的出身背景不同、所受教育不同、人生经历不同等等，决定了各自有不同的思想情感、性格气质、思维方式。人与人的不同，造就了"求同存异"的心态。我们可以不欣赏、不喜欢某个人，但是我们不能轻视他人，不尊重他人，因为他人只是和我们"不同"而已，我们要尊重这种"不同"。当然，我们还要以"求同存异"的心态来看待自己的生活，不要指望自己得到所有人的认可，也不要期望和每一个人都能成为朋友，更不要因为一味地迁就别人而丢掉自己的个性。中国古人云："君子和而不同。"意思就是人与人之间要和谐相处，但也要尊重差异的存在，而且不随便附和他人。

"和而不同"，源于儒家思想。孔子曰："君子和而不同，小人同而不和。""君子矜而不争，群而不党。""君子周而不比，小人比而不周。"意思是：君子和谐相处却不盲目苟同，以自己的正确意见去纠正他人的错误意见，使一切恰到好处；小人则一味附和、讨好他人，不肯提出不同意见。君子庄重而不固执，团结而不结党营私；小人则结党营私，不分是非曲直，一味同流合污。

孔子本人是一位有着"和而不同"思想的人，他既很讲原则、敢于坚持自己的意见，又善于接受不同意见的人，他认为人与人之间应当相互尊重、督责、相互启发，倘若向对方提出不同的意见是帮助对方的一种方式。他公开主张，学生可以"仁不让于师"；认为朋友间的交往，要恰如其分，不强交，不苟绝，不面誉以求新，不愉悦以苟合，同时应"大着肚皮容物，立定脚跟做人"，不为讨他人的喜欢而欺蔽他人，而以诚实的态度提出自己的正确意见。

在唐史里，鼎鼎大名的尉迟恭也是一位以"和而不流"著称于世的君子。

有一次，唐太宗李世民闲来无事，与吏部尚书唐俭下棋。唐俭是个直性子的人，不善逢迎，又好逞强，与皇帝下棋却使出浑身解数，把唐太宗打了个落花流水。

唐太宗心中大怒，想起唐俭平时的种种不敬，更是无法抑制自己的怒意，当即下令贬唐俭为潭州刺史，又找了尉迟恭来，对他说："唐俭对我这样不敬，我要借他以诫百官。不过现在尚无具体的罪名可定，你去他家一次，听他是否对我的处理有怨言，若有，即可以此定他的死罪！"尉迟恭听后，觉得唐太宗的这种做法太过分，所以并没听从太宗之言。当第二天唐太宗召问他唐俭的情况时，尉迟恭并没有直接回答，只是说："陛下，请您好好考虑考虑这件事到底该怎样处理。"

唐太宗气极了，把手中的玉笏狠狠地往地上一摔，转身就走。尉迟恭见了，只好退下。唐太宗回去冷静下来后，自觉无理，后来借开宴会，召三品官入席。唐太宗主宴并宣布道："今天请大家来，是为了表彰尉迟恭的品行。由于尉迟恭的劝谏，唐俭得以免死，使他有再生之幸；我也由此免了枉杀的罪名，提高了我知过即改的品德，尉迟恭自己也免去了说假话冤屈他人的罪过，得到了忠直的荣誉。"

从这件事中，我们可以看出尉迟恭"和而不流"、敢于提出自己正确意见的可贵品质。

在日常生活中，我们与他人相处也应如此，首先真心待人，在非原则问题上谦和礼让，宽厚仁慈，多点"糊涂"，但在大是大非面前，则应保持清醒，不能一团和气，"和而同流"，得过且过。见不义不善之举应阻止、规劝，这才是对他人真心诚意的表现。如果明明知道对方在行不义不善之事，却因他是长辈、上司、朋友，默而容之，这其实是一种没有原则的行为。有时候，"立定了脚跟做人"，的确会受到非议和误解，也可能会受到暂时的委屈，受到别人的指责，但是，这种公正的品德最终会让他人明白你的"真心"，从而赢得他人的敬佩。

孔子"和而不同"的思想闪烁着人生智慧的光芒。几千

年来，各代圣贤不断增添新的内容，作为社会的道德规范警示人们，目的是告诉人们如何待人处事，时至今日，这一思想仍然发人深省，给予人们极大的启发和指导作用。

唯正心所以化人

在每个人的心灵深处，都有善良的"种子"，这"种子"包括爱心、同情心、仁慈心等。中华民族的优良传统向来讲究亲和友善、克己容人。毫无疑问，亲和友善地对待别人，克己容人，都是值得提倡的美德。但"仁者爱人"，其前提是坚持正义、善恶分明、有原则、有立场，人唯正心所以化人。

古人有句话："能好人，能恶人。"即人要分清善恶、不助纣为虐。

那么，什么是"能好人，能恶人"呢？简单说，我们对一个人善良、美好的言行要充分肯定；对其缺点和不妥的言行则不能随便迁就和逢迎。即做人要爱憎分明，有原则，有立场，不能失去原则地去违心地讨好、迁就他人。

有这样一个著名的历史故事：

尹绰和赦厥同在赵简子手下做官。赦厥为人圆滑，惯见风使舵，看主子的脸色行事，从来不说让主子不高兴的话。尹绰则性格率直，对主子忠心耿耿，"说话不拐弯"，直言直语。

一次，赵简子带尹绰、赦厥及其他随从外出打猎。路上，一只灰色的野兔蹿出来，赵简子命随从全部出动，策马追捕野兔，说谁抓到野兔谁就会受到嘉奖。众随从奋力追捕野兔，踩坏了一大片庄稼。野兔抓到后，赵简子十分高兴，对抓到野兔的随从大加奖励。

尹绰对此表示反对，批评赵简子的做法不妥。

赵简子不高兴地说："抓到野兔的随从听从命令，动作敏捷，能按我的命令办事，我为什么不能奖励呢？"

尹绰说："随从只知道讨好您而不顾老百姓种的庄稼，这种人不值得奖励。当然，错误的根源应该是在您的身上，如果您不提出那样的要求，也不会那样做。"

赵简子听后，心里很不高兴。

又有一次，赵简子因前一天晚上饮酒过多，醉卧不起，第二天已近晌午时，他仍在醉梦中。这时，楚国一位贤人应赵简子三个月前的邀请前来求见，赦厥接待了那位贤人。为了不打扰赵简子睡觉，赦厥婉言拒绝了那位贤人的求见，使得那位贤人扫兴而去。赵简子一直睡到黄昏才醒来，赦厥除了关心赵简子是否睡得香甜外，对贤人前来求见的事只是轻描淡写地说了几句。

一次，赵简子对手下说："赦厥真是我的好助手，他真心爱护我，从不肯在别人面前批评我的过错，生怕伤害了我。可是尹绰就不是这样，他对我的一丁点缺点都毫不放过，哪怕是当着许多人的面也会对我吹毛求疵，一点不顾及我的面子。"

尹绰听到这些话后，跑来找赵简子，对赵简子说："您的话错了！作为臣下，就应该帮助完善您的谋略和您的为人。赦厥从不批评您，是因为他从不留心您的过错，更不会教您改错，这不是忠臣的表现。而我呢，总是注意您的为人处世及一举一动，您凡有不检点或不妥之处，我都会给您指出来，好让您及时纠正，这样我才算尽到了臣子的职责。如果我连您不好的一面也加以爱护，那对您有什么益处呢？再说了，缺点有什么可保护的呢？如果您的缺点越来越多，那又如何保持您好的形象和尊严呢？"

赵简子听了，很受启发，他终于明白了，真正的爱护并不是一味地讨好他人，而是在发现他人的缺点、错误后，能真心指出并帮助其改正，使之不断完善；赵简子说，有这样的人做臣子，是他的福分。

"能好人，能恶人"，不是让我们摒弃善良和爱心，而是强调我们对他人应当有"原则"。现实生活中，我们要把握好自己爱心的"分寸"，掌握好对他人善良的"度"，该有原则要有原则，不该有原则不能滥施原则，对他人宽，对己严，帮助他人改过迁善，对不正确表达立场，不盲从，不迁就。

生活中，很多人都很容易同情一些遭遇不幸的人，并为他们慷慨解囊，然而，这种"慷慨"有时并不会带来好的效果。对那些人来说，鼓励他们奋发上进，才是帮助的关键。

否则，有些人会滋生强烈的依赖性，满足于接受"嗟来之食"的"寄生"生活。

人性的善良和真诚的爱心是一种美德，但不是盲目地"滥施"。在为人处世的时候，有原则、有底线不可忽略。

鲁迅先生对待好人、恶人的态度是："横眉冷对千夫指，俯首甘为孺子牛"；雷锋对待好人、敌人的态度是："对待同志要像春天般的温暖，对待敌人要像冬天般冷酷无情。"这种善恶分明的态度是值得我们借鉴的，我们不管为人还是处事，都应该奉行是非分明的原则。

在倡导民主和法制的今天，我们的道德水准应该上升到一个新的高度，在以善良之心友善地对待别人的同时，更要把握好分寸，尤其不要失去原则地讨好、迁就他人，要做到是非分明，这样有助于我们的社会形成惩恶扬善、激浊扬清的良好风气。

不学礼，无以立

古人云："不学礼，无以立。""人无礼则不生，事无礼则不成，国无礼则不宁。"学礼也是正心的一部分内容。中国古代的"礼"常被视为"众善之缘，百行之首"，与列为"四德"、"五常"之首的"仁"联系在一起。比如，孔子主张"克己复礼为仁"，主张"非礼勿视、非礼勿听、非礼勿言、非礼勿动"。古代社会发展了一整套"礼"，在对社会风气的影响方面发挥了重要的作用。即便在今天的社会，礼对人与人之间的交往，乃至国家、民族之间的交往，都是一项重要内容。

德是礼之根，道德模范是规范礼仪的内在根据；礼是德之基，美好道德基础在于有彬彬之礼；礼仪规范常被视为人生之本、立业之基。古语说："国尚礼则国昌，家尚礼则家大，身尚礼则身正，心尚礼则心泰，事尚礼则事成。"

美好的"礼"在社会生活、人际交往中发挥着重大的作用，产生着深远的影响。

礼亦本于仁，"仁"是古代圣贤发明的一个字，被喻为人的最高道德标准。礼本于仁，表明礼要有仁心诚意，要有节有度，表明古人非常重视待人接物的礼。

中国的礼发展了几千年，从人与人到人与社会再到国家与国家，不断丰富和发展其内容。

中国源远流长的礼包括了国礼、家礼、个人礼，包括了礼节、礼仪、礼貌等等礼的文化。从粗陋简单发展到文明，很多约定俗成的内容都有着非常博大精深的文化内涵，至今仍然值得我们思考和借鉴。

孔子在《易·系辞传》中说："上交不谄，下交不渎。"所谓"不谄不渎"，就是为人接物既不要低声下气，也不要高傲怠慢。这可以当作古人交友待客的一条重要原则。

《礼记·曲礼》中说："礼不妄说人，不辞费；礼不逾节，不侵侮，不好狎。"就是说真正的"礼"是不随便取悦于人，不献媚，不拍马；不言过其实；不超越限度；不欺侮别人，不慢待别人，尊重别人。

中华民族的"礼"体现出对人尊重、恭敬和谦让的美德，是对人的尊严的维护。交往双方以礼相待，就必然出现和谐的气氛，增进双方的情感交流和友好相处。古人认为"自卑而尊人"是礼的原则；即人要自谦而尊重对方。其实，在"德"的前提下，人人都应该平等讲"礼"，不论是贩夫走卒，还是富翁权贵，都应如此。富贵者有"礼"，能做到以"礼"约束自己，不骄不淫；贫贱者有"礼"，能做到不以贫贱而怯懦、失了志气，也不会去向富贵者乞怜献媚，甚至低三下四，因为如若那样去做，就是"非礼"的表现，是丧失自我人格、为人所不齿的。

著名的"宁死不吃嗟来之食"的典故，讲述的是舍饭的人不尊重穷人，摆出傲慢的"救世主"面孔，左手捧着饭，右手端着汤，不礼貌地呼叫："嘿！过来！吃饭！"舍饭人恃富傲贫，是"非礼"！而那位饿者宁死不吃"嗟来之食"，显示出他做人不畏权贵的骨气。

明朝永乐年间有一位学者，名叫薛瑄，他在《读书录》中讲了许多接待宾朋的道理。他说："虚心接人，则于人无忤；自满者反是。"他认为虚心有礼是交友待客的基本态度，这真可谓一语中的，抓住了关键。在现实生活中，有一些人接待宾朋态度不好，根本原因就在于他们不知礼，不懂礼，不虚心。

还有些人在与人交往时，对于"不及者"可以团结，但对于比自己强的人却不肯"团结"。宋代岭南的大学者何坦写《西畴常言》一书，他主张："交朋必择胜己者，讲贯切磋，益也。"意思是说，要欢迎朋友比自己强，这对自己有好处，因为可以向朋友学习，提高自己。

《礼记》说："不失足于人，不失色于人，不失口于人。""失足"、"失色"、"失口"，实际上也是礼的内容，即少犯行动上、态度上、言论上的错误，因为这是"礼"之大忌。

时至今日，有道德、懂礼貌、重品行仍是一种社会美德，也是社会提倡的精神追求。随着社会进一步发展，人们的精神需求层次和自我认知价值越来越高，也越来越希望得到理解、受到尊重、做出表率。

现今，在全国上下践行社会主义核心价值观的当下，遵守道德、崇尚礼仪、规范行为已不仅仅是个别人、个别行业、个别社会层次的需求，而是全民的需要。作为有涵养的公民，我们每个人都应该学礼仪、讲礼貌，注重礼节，树立良好的礼仪风范。

智、德兼修，才能做大事

中国古代圣贤之人崇尚"小胜靠智、大胜靠德"的理念。"小胜靠智、大胜靠德"出自《世说新语·笺疏》，"德成智出，业广惟勤，小胜靠智，大胜靠德"。一个人的成功固然要靠聪明才智，但更重要、更根本的是靠优秀的品德。孔子"吾日三省吾身"讲的也是同样道理。即人"自知"不是件容易的事，而要达到"明"的程度则更不容易。因此，需要常反省、常反思。

现实生活中，有些人仅仅挣了一些钱就自认为比别人聪明，他们目空一切，自命不凡，忘乎所以，挥霍享乐，不懂得提高自己的修养、学识，不懂得再接再厉，继续奋斗。这些人充其量只是有小智，即"小聪明"，他们看不到时代和社会发展的日新月异，看不到自己知识结构的欠缺，在举足不前中忽视了自己与竞争对手的差距，也不考虑未来竞争中自己的地位如何。这些人不懂得"大胜靠德"，长期"小胜靠智"，也许会江郎才尽，被时代淘汰。

人需要智德兼修，有聪明才智当然好，但聪明才智是需要在生活阅历中不断增长的，靠小聪明是成不了大事的，智德兼修，方能成大事。

各行各业都有职业道德需要去遵循，而这些职业道德源于传统文化的精髓。比如，师有师德，医有医德，官有官德，商有商德，但万变不离其宗，智德兼修，才能光大职业精神。"小胜靠智、大胜靠德"，不是贬低才智，而是要更重品德。宋代司马光说："才者，德之资也；德者，才之帅也。"

有人说，看一个人是否聪明，须看其道德修养如何，这话有一定道理。

林海燕是中国"体彩"发行"形象大使"。她曾经只是一个普通的打工者，也做过护士，后来在家乡广东化州经营一个体彩投注站。

一天，林海燕接到化州彩票中心的电话，说自己售出的一组660元复式彩票中了518万元大奖。可怎么没人来领奖呢？林海燕突然想起，一个星期前一位吴先生通过电话请她代购一张彩票，但到现在都没来交钱。她一核对，中奖的果然是这张彩票。

　　这时，林海燕完全可以将此事压下，把彩票设法据为己有，但她还是拨通了吴先生的手机。刚开始的时候，吴先生以为她是在找借口催要彩票钱，就关机了。林海燕一直坚持给他打了10天电话，他才相信了她。领取彩票奖金时，吴先生拿出20万元表示感谢与歉意，林海燕却说："这是你的福气，我一分也不能拿。"

　　一张大奖彩票被悄悄保存了10天，林海燕当时连丈夫和父母都没有告诉，林海燕的德比智要高，林海燕一个普通女子在巨额诱惑前的不受诱惑，令化州男女老少赞叹不已，许多人络绎不绝地来她的小店投注，争先恐后地在这里买"运气"。她走在路上有人主动向她问好，她去商场购物有店家会主动打折，她去餐馆吃饭有老板怎么也不收她的钱。中国体育彩票中心在得知此事后表彰了林海燕，并评她为中国"体彩"发行的"形象大使"。

德是一种境界，是一种追求，也是一种力量，一种能够震慑邪恶、净化心灵的力量，能使人无往而不胜。所以，大胜靠德。一个人的成就是与其德行成正比的，德行越高，成就越大。注重夯实并提高自己的德行修养是人生的重要一课。

义勇结合，见义勇为

古代圣贤之人自古就把"勇"与"仁义"联系在一起，提倡义勇结合。其中，"义"是标准，包含着是非判断。孔子认为，君子应当把"义"作为至高无上的准则，见义勇为。孔子还说："仁者必有勇，勇者未必有仁。"即具有仁义德行的人，必定有"勇"；但有"勇"的人不一定具有仁义德行。孔子进而强调道，人如果只是有"勇"而无"义"，就会"犯上作乱"。只有把"义""勇"相融相合，统为一体，才能真正做到见义勇为。

在历史上，敢于见义勇为，甚至舍生取义的志士仁人非常多。

墨子怀抱"救世"的情怀行义天下，他认为只有"义"才能利民、利天下。他周游列国时，不仅极力宣传他的学说、主张，而且尽力阻止非正义的、给天下百姓带来无穷灾祸的战争，达到了见义勇为的至高境界。

有个故事一直流传至今。

天下有名的巧匠公输盘应楚王要求为楚国制造了一种叫作云梯的攻城器械，楚王准备用这种器械攻打宋国。墨子当时正在鲁国，听到消息后，走了 10 天 10 夜，来到楚国，见到了公输盘。

公输盘对墨子说："夫子到我这里来有何见教呢？"

墨子说："北方有人侮辱我，我想借你之力杀掉他。"

公输盘听了莫名其妙。

墨子说："请允许我送你 10 锭黄金作为杀人报酬。"

公输盘说："我秉见义行事原则，绝不去随意杀人。"

墨子向公输盘拜揖说："请听我说，我在北方听说你为楚王造了云梯，楚王将用云梯攻打宋国。我不明白宋国有什么罪过呢？楚国的土地有余，不足的是人口。现在要牺牲掉本来就不足的人口，而去争夺自己已经有余的土地，这不能算是明智。宋国没有罪过而却要被攻打，楚国不能说是仁。

而你明白其中道理却不去谏止，不能算作忠。如果你谏止楚王而楚王不从，就是你不够强。你行义不杀一人，却准备杀宋国的众人，你不是个理智的人。"

公输盘听了墨子的一席话后，深为折服。

墨子又接着问道："既然我说的是对的，你为什么不停止造云梯呢？"

公输盘回答说："不行啊，我已经答应楚王了。"

墨子说："把我引见给楚王，我去劝劝他。"

于是，公输盘引墨子见了楚王。

墨子对楚王说："假定现在有这样一个人：舍弃自己华丽贵重的彩车，却想去偷窃邻居的破车；舍弃自己锦绣华贵的衣服，却想去偷窃邻居的粗布短袄；舍弃自己的膏粱肉食，却想去偷窃邻居家里的糟糠之食。大王你认为这是个什么样的人呢？"

楚王说："一定是个有偷窃之癖的人。"

墨子继续说道："楚国的国土，方圆五千里；宋国的国土，不过方圆五百里，两者相比，就像彩车与破车一样。楚国有云楚之泽，犀牛麋鹿遍野都是，长江、汉水又盛产鱼鳖，是富甲天下的地方；宋国贫瘠，连所谓的野鸡、野兔和小鱼都没有，这就好像粱肉与糟糠相比一样。楚国有高大的松树、纹理细密的梓树，还有楠树、樟木等等；宋国却没有，这就好像锦绣衣裳与粗布短袄相比一样。由这三件事而言，大王攻打宋国，就与那个有偷窃之癖的人没有什么不同，我看大王攻宋不仅不能有所得，反而有损于大王的义。"

楚王听后，说："你说得很好！但公输盘为我制造了云梯，我一定要攻打宋国。"

鉴于楚王的偏执，墨子认为仅仅依靠说服是达不成自己的目的了；这时候，要想取得胜利，就需要"勇"和"智"。于是，他提出要和公输盘模拟一次攻城与守城的比赛。楚王答应了。

墨子解下腰带围作城墙，用小木块作为守城的器械，公输盘多次设置了攻城的巧妙变化，墨子全部成功地加以抵御。公输盘的攻城器械用完了，但没有攻下城，而墨子守城的方法还绰绰有余。公输盘认输了，却狡辩："我知道该用什么方法来对付你，不过我不想说出来。"墨子也说："我知道你用来对付我的方法是什么，我也是不想说出来罢了。"

楚王在一旁不知道他们两个人到底在说什么，忙问其故。

墨子说："公输盘的意思不过是要杀死我，杀死了我，宋国就无人能守住城，楚国就可以放心地去攻打宋国了。可是，我已经安排我的学生禽滑厘等 300 人，带着我设计的守城器械，正在宋国的城墙上等着楚国的进攻呢！所以，即便是杀了我，也不能杀绝懂防守之道的人，楚国还是无法攻破宋国。"

楚王听后服了，大声说道："先生说得太好了！"他不再偏执地坚持攻宋，而是对墨子表示："我不攻打宋国了。"

就这样，见义勇为的墨子成功地劝阻了楚王进攻宋国的计划。

见义勇为有很多种方式，可以表现为一般问题上的敢作敢为，也可以表现为大是大非面前的舍生取义。由于为社会正义和人类进步所做的斗争总是十分艰巨的，有时还有很大的危险，所以，见义勇为者往往会付出沉重的代价，甚至是牺牲性命。孔子说"杀身以成仁",孟子说"舍生而取义",就是对见义勇为的献身精神和牺牲精神的鼓励与肯定。

古往今来,见义勇为、舍生取义的人不胜枚举。匡扶正义、"揭竿而起"的陈胜、吴广,义不辱节、为国家利益牺牲的苏武,嫉恶如仇、深入虎穴"擒贼"的辛弃疾,"人生自古谁无死,留取丹心照汗青"的文天祥,"砍头不要紧,只要主义真"的夏明翰等等,他们把正义、真理、人格、操守看得比生命更为重要。他们以大无畏的精神战胜了各种威胁,战胜了酷刑折磨,甚至战胜了死亡,表现出见义勇为、杀身以成仁的崇高气节,其视死如归的大无畏精神和宏伟气魄,将永远光照人间。

我们应该以见义勇为者为榜样,多行义举,多做些有助于伸张正义的事,让社会形成激浊扬清的清风正气,让"邪恶"无处藏身。

君子"不欺暗室"

　　中国古人所讲的修身主要是指自我道德的完善，而中国传统文化提倡人要想提高自身修养，具有美好的道德情操，必须从细微处下功夫。《菜根谭》中有段话："青天白日的节义，自暗室漏屋中培来；旋乾转坤的经纶，从临深履薄中缲出。"意思是说：光明磊落的人格和节操，一般来说都是在暗室漏屋的艰苦环境中磨练出来的；而治国经邦的伟大韬略，是从小心谨慎的做事态度中磨练出来的。

　　中国古代的传统道德观流传深远，很多古代的志士仁人奉行"不欺暗室"、光明磊落的为人处世法则，这是有积极的社会意义的。

　　东汉人杨震为劝诫世人自律而提出"四知"，成为千古流传的古训。

　　杨震在出任东莱太守期间，因公务途经昌邑。昌邑县令王密曾得到过杨震的举荐。一天夜里，王密谒见杨震时，从怀里取出金锭 10 斤相赠。杨震断然拒绝，说："故人知君，君不知故人，何也？"王密说："暮夜无知者。"杨震仍推却不受，严肃地说："天知，地知，我知，子知，何谓无知！"王密见杨震如此廉洁正直，只好羞愧地告辞而去。

　　杨震是宏农华阴（今属陕西）人，曾执教讲学 20 余年，50 岁始出仕，历任荆州刺史、涿郡太守、司徒、太尉等职。他属大器晚成之人，虽 50 岁当官，但此后官运极长。这与他为政清廉、对百姓无欺、对贪官污吏无畏的处事原则有很大关系，当时百姓们称赞他"眼里容不得半点沙子"。

　　还有一次，杨震手下有个官员为了私利向杨震行贿，说这件事密不透风，不会有风险，让他心安理得地接受。但杨震说，这件事"天知、地知、你知、我知"，所以自己断然不会接受。杨震当时的俸禄也很有限，其生活并不富裕，家人经常吃青菜和粗粮，出门也都是以步代车。但他坚持为官要对得起自己的良心，坚守"不欺暗室"的原则。杨震的许多亲朋故旧曾劝他要为自己的子孙后代着想，趁当官之际置办点私人产业，但是，杨震始终不认同他们的观点，而且对此说法持批评态度。他一直坚守自己做人和为官的原则，斩钉截铁地表示："不给子孙购置产业，而是要留给他们清白廉正的名声，而这也是十分丰厚的遗产！"

杨震由于敢同贪官污吏和仗势欺人的权贵们斗争，最终仕途受挫，被诬自杀。但历史是公正的，汉顺帝时，杨震得到平反。朝廷为嘉奖他的忠贞，依礼将他改葬于华阴潼亭（今陕西潼关关西大道北），并刻碑文于石上，其碑至今犹存。杨震虽然早已作古，但他的故事和"四知"古训，万古流芳，被后人广为传颂。

杨震"四知"的训言，实则就是劝诫人们即使在别人看不见的情况下，也不要做任何"见不得人"的事情。

今天，在法治健全的社会里，一个人在法律面前，要有敬畏感，要时刻提醒自己不能违法乱纪。倘若不懂得敬畏法律，总干一些违法乱纪的事情，这样的人终日在惶惶不安中生活，自己的下场也不会好。

　　传统医学认为，人的七情六欲与人的五脏六腑有着密切的关系。《内经》中说：喜则伤心，怒则伤肝，惊则伤肾，思则伤脾。因此，我们在为人处世的时候，不要做损人利己的事情，不要做违背原则的事情，要在大事大非面前有判断力，不受诱惑，不为诱惑所动，不去做"坏事"，相反，要严于律己，慎独修身，不管何时，都要以"不欺暗室"作为自己的信条，以高标准的道德水准要求自己，这样才能问心无愧，坦荡做人。

遵纪守法，坚持正义

一个国家、一个社会如果没有纪律和法治，就无正义可言。遵纪守法作为对每个公民的硬性要求，无可否认是正确的。遵纪守法会使整个社会变得有秩序，风清正气，而遵纪守法也是每个公民应尽的社会义务和道德所在，是保证社会和谐安定的基石。

汉顺帝某年，苏章被任命为冀州刺史。有一天，苏章在审理积案的时候，发现他以前最要好的朋友清河太守有贪污行贿行为。

一天晚上，苏章备下酒菜，请清河太守过来喝酒，两人一边喝酒，一边畅叙旧情。这位清河太守之前一直担心自己的事情败露，他琢磨不透苏章会对自己所犯下的罪行采取什么态度，经过这次酒宴，他觉得心里好像一块石头落了地，他长吁一口气，有些得意地说："人家头上只有一顶青天，独独我头上有两顶青天啊！"苏章听后却正色说道："今天晚上我请你喝酒，是私人之间的情谊；明天冀州刺史开堂审案，却是执行公理王法，这两者之间不可混为一谈。"

第二天，苏章正式开堂，他秉公执法，对清河太守予以惩处。当地百姓知道后对此拍手称快，其他官员看到苏章如此公正严明，也都不敢再有其他想法了。

苏章是一个清官，他坚守正义，以身作则，对待自己的故友时，在是非原则上能做到不徇私情，秉公办事，这实在值得每个人学习。

清顺治时，湖北孝感的李白爵曾任福建将乐县知县。李白爵刚一上任，就召集全家人，对他们宣布说："我为官在任，俸金外皆赃，你们作为我最亲近的人，不可有丝毫连累我。"

家人听后，严格按照他的要求处理一些交往礼金。

李白爵家的日子过得比较清苦。当时，县衙内有两棵桂花树，花开时节香气四溢，家人想摘些花做香料，不料李白爵却说："此官物也，擅折者必治之。"家人于是打消了摘花的念头。

李白爵在将乐县为官三年，从不多拿一针一线。后来，他的一位上司向他索取钱物，说可担保他仕途一帆风顺。李白爵拒绝了，后愤然辞官。

李白爵离任时，仅有的行李就是图书、铺被，老百姓听说李白爵归乡，老幼数万人都来为他送行，"皆号泣返家，绘像以祀之"。由此可见，为官清正廉洁，遵纪守法，便能得到群众的支持，而为官一任，造福四方百姓，乃为官之正道。

苏章、李白爵身上所体现出来的高贵品质，代表了中华民族贫贱不移、威武不屈的浩然正气，也代表了中华民族遵纪守法、坚守正义的传统道德。荀子说："先义而后立者荣，先利而后己者辱。"古代的这种优良传统，在今天依然需要我们保持并发扬光大。

然而，现实生活中也存在着另外一种情况，就是有些官员不够自律，无视法纪的约束，甚至以权谋私、假公济私。

如果为官者都能做到像苏章、李白爵他们那样，懂得"俸金外皆赃"的道理，懂得"公与私"的关系，并能做到自重自警、防微杜渐，那么，就不会有那么多的人被金钱"吞噬"。

遵纪守法，不仅表现在遵守法律、秉公执法上，还表现在遵守各项规章制度上。在这方面，唐代著名军事将领李光弼堪称典范。

李光弼智勇双全，有着雄才大略，以治军严整著称。李光弼的军事指挥才能非凡，他为人严肃、果断、刚正不阿，为很多人所敬重。他善于骑射，步入军旅生涯后，在治军管理和指挥作战方面展现出卓越的才能，由于他指挥有方、治军严整，他被郭子仪推荐出任河东节度副使。在后来的"安史之乱"中，李光弼和郭子仪一起率军打败了安禄山，为彻底平息"安史之乱"做出了重大的贡献。

李光弼在统军作战生涯中，做到了执法严明、军令如山、赏罚分明，从而威震三军。有一次，李光弼率领的部队中有一员大将持利矛刺杀敌人。李光弼对于用矛刺敌者赏绢五百匹，对不战而退者则处以斩刑。李光弼言必果、令必行，在执行军纪军令方面十分严格，不徇私情，部下都能做到遵纪守法。

唐肃宗即位后，诏令李光弼担任户部尚书并率军赴灵武上任。当时太原节度使崔众仗着唐肃宗和朝廷中一些重臣的垂青，自恃是侍御使，在军中狂妄自大，不可一世，现如今要他把军权交给李光弼，心中不服气。在交权时，崔众故意刁难李光弼，不行军礼，并表示，他现在不能即刻交出兵权。李光弼对崔众的这种狂妄傲慢、违抗军令的行为非常不满，立即下令部下把崔众抓起来，准备以军法将其治罪。就在这时，唐肃宗派来使者传旨，诏令崔众为御史中丞，李光弼的部下看到这一状况，就劝李光弼说："最好还是把他放了吧！皇帝重用崔众，你对他治罪，皇帝不满怎么办？"但是，李光弼断然拒绝了部下的劝说，坚持按军法处置了崔众，随后，他正气凛然地说："崔众违抗皇上的诏令，故意不交出兵权，置军法军令于不顾，理应处斩。如果使者现在要宣布诏令，崔众纵然当了御史中丞，官比我大，我也要依

上篇 正心

照国法军纪将其斩首。"李光弼说完，就命令军法官当众斩了崔众。

李光弼执法如山斩御史的消息不胫而走，在全国上下引起了强烈的反响，在他统帅的军队中，将领和士兵个个受到很大的震动，为有这样一位纪律分明、执法严格的首领而感到骄傲和自豪。从此以后，下属没有人再敢违背军令军纪了，李光弼所指挥的那支军队被人们誉为"铁军"。在随后进行的太原保卫战中，李光弼的这支"铁军"以少胜多，以一敌百，用不到1万人的军队打败了史思明率领的10万人的军队，赢得了这场战役的胜利，也为扭转整个战局起到了重要的作用。这场战役的胜利，在很大程度上，是李光弼以法治军的结果。

事实证明，如果没有健全的法制，没有遵纪守法的公民，这个国家就不能算是一个真正文明、进步的国家。随着社会的进步和法律的完善，我们每个人都需要学法、懂法、用法。因为，法律离我们的生活并不遥远，无论是在家庭生活还是在社会生活中，法律都与人们息息相关。

遵纪守法既是对人们的道德要求，也是人们应尽的社会责任和义务，它关乎每个人健康成长的方方面面，是做人的一项重要的行为准则。遵纪守法是现代社会公民的基本素质和基本义务，也是保持社会和谐安宁的重要条件，所以，遵纪守法为创造和谐的社会环境奉献自己的一份力量，是公民的义务和责任。

以公利为出发点，不为私欲所蔽

一个人有什么样的义利观，他在生活中就会采取什么样的取舍态度，他就会拥有什么样的人生。

孔子的学生子贡是一个珠宝商，和他来往的主要是各国的贵族，他们的共同特点是喜欢收藏稀有的珠宝来显示自己的身份和地位。而珠宝是没有固定价格的，其售价可因买主身份的不同而不同。同一件珠宝，卖给大夫可能只卖十两黄金，卖给诸侯就可能以百两黄金的高价成交。同样，这些贵族买主也很看重销售者的身份和地位。同一件珠宝，在普通商人手里，他们会认为是一般的货色，不肯出高价购买，而到了富商大贾手里，特别是到了有名望的大商人手里，他们就会认为这是稀世珍宝，用十倍、甚至百倍的价钱买来之后，还觉得很高兴。为了适应贵族买主的这种消费心理，子贡做买卖时常常是"结驷连骑"，即车马成行，带领大队人马上路，所到之处，还要带上贵重的礼物去拜见那里的国君。

与此同时，子贡还很重视从事慈善活动。一次，在路上，子贡看到有一群人被鞭打着做苦工。子贡一打听，原来他们都是流落在他国的鲁国奴隶，子贡就自掏腰包，替他们赎了身，并把他们送回了鲁国。按照鲁国当时的法令，赎回在他国为奴隶的鲁国人是可以向官府领取赎金的，可是子贡没有去领取。这件事不但为子贡带来了"博施于民而能济众"的美名，而且随着他名声的提高，也为他吸引来了更多身份高贵的买主。

子贡还资助其老师孔子"周游列国"，虽然花费巨大，但是这也是学习的机会。

众多的史书都证明了，子贡在陪同孔子周游列国时确实一直在做着买卖。《史记》记载，孔子师徒被围困于陈蔡之间，甚至断了粮，后来，是子贡卖掉一部分所携带的货物，孔子师徒才得以果腹。

子贡的经商之道和孔子的传道相结合，使他们双方都得到了益处。由于子贡的经济资助，孔子的儒家学派政治主张广为传播，儒家学说逐渐发展成为当时的"显学"，孔子的名气也愈来愈大，后来甚至成为"万世师表"。子贡作为孔门中的大弟子，因其行为，成为"名儒"，不仅受孔子重视，社会知名度也大为提高。据司马迁记录，当带领大队车马和随从的子贡去拜会所到之国的君主时，这些君主对子贡相当热情，都以上宾之礼款待他。司马迁在评论这件事时指出，"使孔子名扬于天下者"，子贡在其中发挥了重要作用，而子贡也因为这件事而名声显赫，这是"相得益彰"。

儒家的先师孔子也赞成经商，他把知识"待价而沽"，但明确提出"重义轻利"的原则。

孔子思想中最伟大的成就之一，就是对"人"的"发现"和关于"人"的理论的创立，他提出"以人为本"和"泛爱众"的主张，要求统治阶级把被统治阶级的奴隶当人看待，承认对方是人而不是牲畜，这在人格上提倡了平等，是孔子创立"仁"的历史意义和社会意义。

毋庸置疑，在市场经济的现代社会，很多人都注重物质利益，是的，物质利益在人们生活中不可或缺，也是很多人"不择手段"行为的出发点和动力所在。但是，人的追求绝不只是物质方面的，还应有高尚的精神追求。从这个意义上说，片面强调物质利益和物质刺激，人就容易误入歧途，一切"向钱看"。而且，如果人的物质需求和欲望无节制地增长，往往会激化社会矛盾，形成社会不安定因素。孔子的"商战伦理"，既承认表示个人物欲的"利"，又强调代表利公利他精神的"义"，主张"义利"的统一，提倡"利以义制，先义而后利"，从而为从商的正常运行提供了一种道义上的协调力量。所以，古代圣贤一切以公利为出发点，不为私欲所蔽。

在当代社会，追求利益的含义已超越单纯的交易与赚钱，"义"和"利"相比，"义"的境界更高，"义"应该是主导，谋利应该是有原则的，"利"应该服从"义"，要"见得思义"，"见利思义，义然后取"。也就是说，在面对利益的时候，要先进行道德判断和是非判断，再确定取舍，这样才能避免在品性方面出现偏差。

"义"和"利"的取舍问题，说起来简单，做起来却没有那么容易。

有这样一个故事。有一个美国人利用周末带着9岁的儿子去钓鱼，河边有块告示牌，上面写着："钓鱼时间从上午9点到下午4点。"一到河边，父亲就提醒儿子要先读告示牌上的字。于是，儿子很清楚只能垂钓至下午4点。

父子俩从上午10点半开始钓鱼，下午3点45分左右，突然间儿子发现钓竿的末端已弯曲到快要碰触到水面了，而且水面下鱼饵那端的拉力很强。这种情形显示应该是钓到了一条大鱼，于是他大声喊父亲过去帮忙。

父亲一边协助儿子收线，一边利用机会教导儿子如何跟大鱼搏斗，两人经过一段时间的拉、放之后，终于将一条长60多厘米、重七八斤的大鱼钓了上来。父亲双手紧紧捧着大鱼，和儿子一起欣赏着，儿子显得非常高兴。突然，父亲看了一眼手表，然后收起笑容郑重地对儿子说："儿子，你看看时间，现在已经是 4 点 10 分了，按照规定，只能钓到 4 点，因此我们必须将这条鱼放回河里去。"

儿子一听，赶紧看自己腕上的手表，确实是 4 点 10 分，但他很不以为然地对父亲说："可是我们钓到的时候，还没到 4 点啊！这条鱼我们应该可以带回家的。"

儿子说着，露出一脸渴望的表情，眼巴巴地看着父亲，可是父亲却回答道："规定只能钓到 4 点，我们不能违反规定。不论这条鱼上钩的时候是否在 4 点以前，但我们钓上来的时候已经超过了 4 点，就应该放回去。"

儿子听了之后，再次对父亲请求说："爸爸，就这么一次啦！我也是第一次钓到这么大的鱼，妈妈一定会很高兴的。这里又没有人看到，就让我带回家去吧！"

但是，父亲斩钉截铁地回答说："不可以因为没有人看到就要带回去。我们必须遵守规定。"父亲说完，捧起那条鱼，将它放回了河里。儿子眼里含着泪水望着大鱼离去，没有再说一句话，默默地跟着父亲收拾起钓具回家了。

10 多年后，这个孩子成为一位著名的律师。他的名字叫乔治·汉弥尔顿。

还有一个故事。

几年前，赵先生来到世界闻名的高科技区"硅谷"——美国加州的圣何塞市。

赵先生抵达加州之后，发现加州的气候得天独厚，这里空气清新，阳光明媚，四季温暖如春，到处是鲜花绿草，他觉得自己仿佛走进了一个无边无际的花园。

一天，赵先生正在散步，突然，眼前一亮，出现了一条金色大道，原来人行道上种着一株株桔树，沉甸甸、黄澄澄的桔子挤满了枝头。赵先生想到这样一个问题：这些桔子已经长熟了，怎么还长在树上？是因为它们酸，所以才没有人采吗？他决定找人问个清楚。

赵先生沿着桔子树来来回回，足足走了半小时，无奈无一行人经过，他只好调转方向准备回去。这时，他突然见到前方一个背着书包、脚踩旱冰鞋的学生模样的孩子正奋力而有规律地甩动着双臂朝自己滑来。

赵先生有礼貌地对那孩子说："劳驾，孩子，你能回答我一个问题吗？"

孩子马上把旱冰鞋尖在地上一点，来了个急刹车，说："当然可以。"孩子拿出手帕擦着脸上的汗水，说："只要是我知道的。"

"圣何塞的桔子是酸的吗？"赵先生指着桔子树问。

"不。"孩子摇摇头自豪地说，"这里的桔子可甜呐！"

"那你们为什么不摘着吃？"赵先生指着一只熟透的桔子说，"让它掉在地上烂掉多可惜呀。"

"对不起，先生，我该怎么回答你提出的问题呢？"孩子摊摊手，耸耸肩，笑着解释说，"我们个人为什么要吃路边的桔子呢？它不是属于我们个人的。"

孩子说完，向赵先生挥手道别，又开始有规律地甩动着双臂向远处滑去。

"它不是属于我们个人的。"这是多么简单朴素而又饱含社会公德准则的话啊，简直闪闪发光，掷地有声！

是的，如果人人都有"重义轻利"的社会公德心，以

公利为出发点，不为私欲所蔽，那么，这个社会就能达到夜不闭户、路不拾遗的境界了。这不正是我们所追求的目标吗？

日光长远，志向远大

人不管做什么事情，都不能把钱看得太重。生活中，人应该有更长远的目光，应该有更高尚的追求，应该"道义当头，志向远大"。

萧何曾任沛县功曹，他勤奋好学，思维机敏，对历代律令很有研究，并好结交朋友。刘邦当时是小亭长，他平时不拘小节，经常惹事。萧何曾多次为他解围，后来，两个人结为生死之交。

公元前 209 年，陈胜、吴广起义。萧何和曹参、樊哙、周勃等人商议形势，和早已起义的刘邦开始联系。当时的沛县令也想归附陈胜，以保住官位，就和萧何、曾参商议。萧何建议重用刘邦。他们到芒砀山找到了刘邦。当他们回到沛县后，县令却变卦，扣押了萧何。刘邦知道后大怒，带兵打回沛县，杀县令，救出萧何，与之共谋大计。萧何向众人宣布，公推刘邦为起义的首领。

公元前206年10月，刘邦率军由蓝田至霸上。秦王子婴向刘邦投降。至此，秦灭亡。

刘邦率军进入咸阳，将士们大都抢掠金银财物，刘邦看到秦宫中华丽的装饰、成堆的金银珠宝，还有一群群的美女，也不觉飘然起来。

唯独萧何，进入咸阳后，一不贪恋金银财物，二不迷恋美女，却疾如星火般地赶往秦丞相、御史府，将秦朝有关国家户籍、地形、法令等的图书档案都收藏起来，待日后查用。萧何这样做，使日后刘邦对于天下的关塞险要、户口多寡、强弱形势、风俗民情等等都了若指掌。

萧何采取一系列措施，协助刘邦收拾关中的残破局面，一方面重新建立已经散乱的统治秩序，另一方面安抚民心。萧何先颁布法令，建立汉朝统治秩序和统治机构，修建宫室、县城等等；又开放原来秦朝的皇家苑囿园地，让百姓耕种，赐给百姓爵位，减免租税等等，并让百姓推举年龄在五旬以上、有德行、能做表率的人，任为"三老"；再选各乡里的"三老"为县"三老"，辅佐县令，教化民众。

在楚汉相争的关键时期，萧何坐镇关中，刘邦把关中事务全部托付给萧何。萧何征发兵卒，运送粮草，供应汉军；侍奉太子，制定法令规章，建立宗庙秩序。事项报于刘邦，刘邦总是允许萧何照办，也可先行再报。刘邦几次战败，萧何每次都征发关中兵，补足汉军缺额。刘邦因此得以重新振作，多次转危为安。

公元前203年，项羽因连年战争，陷入兵尽粮绝的困境。而汉军因萧何坐镇关中，不断输送粮食兵力，拥有了兵强粮多的好形势，最终逼得项羽兵败垓下，自刎乌江。

在萧何独具慧眼，不贪钱财，却"收秦丞相御史律令图书藏之"这件事上，古今都有定评。北宋著名词人晏殊对此曾经这么说："周公辨九州之土壤，以奠民居；萧何收天下之图籍，以定帝业。"可见，萧何志向远大，对刘邦"定帝业"起到了不可估量的作用。

古往今来，富贵功名是大多数人都想要的东西，但是如何得到，却有一定的原则。如果目光狭隘、志大才疏，那是干不成大事的。

当然，贫贱是人们不想面对的，但摆脱贫贱也一定要遵守道义。真正的君子宁愿安贫乐道，也不会不择手段地去攫取荣华富贵。

伯夷是商朝时期孤竹国国君的长子，他有两个弟弟，最小的弟弟叫叔齐。伯夷的父亲有意立叔齐为继承人，伯夷的父亲死了以后，伯夷为了遵从父亲的遗愿，就从孤竹国出走，好让叔齐即位，而叔齐尊重嫡长子继承制，非让哥哥即位，于是也出走了。孤竹国人没有办法，只好让伯夷的另外一个兄弟即位。伯夷和叔齐兄弟俩后来重逢，为了躲避商纣王的暴政，就隐居在北海之滨，后来听说周文王善待老人，兄弟俩就一起投奔西周，在半路上碰到了周武王伐纣的大军，才知道文王已经死了。两人极力劝武王不要伐纣，没有成功，后来周灭商，兄弟俩发誓不食周粟，于是到首阳山采野菜为食，最后，伯夷和叔齐为了表明心志，绝食而死。从孔子到孟子，再到后世的士大夫，都将伯夷兄弟看作孝、悌、忠、廉的典范。

目光长远、志向远大的人能坚守正义的本真，能坚守"富贵不能淫，贫贱不能移，威武不能屈"的底线，他们也能具有"出淤泥而不染，濯清涟而不妖"的高洁品质。

其实，人生最大的幸福不在于拥有多少财富，一个人目光长远，志向远大，能实现自身的价值，做对社会有益的事是最大的幸福。贫富不是区别人高下的标志，只有理想才是鉴定一个人是否优秀的"准绳"。

每个人生活的轨迹和所处的环境都有所不同，不要过分地苛求自己的生活条件一定要比别人强，也不要在自己穷困落魄时自暴自弃，而要有精神上的信仰和内心的追求，保持良好的道德操守。

人要学会把握自己。比如，面对贫穷、不如意的生活要奋发进取，改变不良境遇，在穷途末路的困境中要看得开、想得通，在愤愤不平、深陷痛苦的时候，要静下心来，激励自己摆脱困境，在生活中坚定地不断努力前行。

正身

己所不欲，勿施于人

《论语》中记载着这样一个故事：

子贡问孔子："有一言而可以终身行之者乎?"孔子说："其恕乎! 己所不欲，勿施于人。"

己所不欲，勿施于人，这句话揭示出了处理人际关系的一条重要原则，那就是人应当多从他人角度考虑事情，不要把自己的想法强加于他人。"己所不欲，勿施于人"的原则，也是尊重他人平等待人的体现之一。人除了要关注自身的存在以外，还需关注他人的存在，要有人与人之间是平等的概念，切勿有高人一等或施恩他人的想法及做法。

己所不欲，勿施于人，这一理念从浅层次上说，是指自己不喜欢的东西，不要"送给"别人；从深层次上说，则是一种换位思考。人要推己及人，将心比心，如果你不想别人以你不喜欢的方式对待你，那么，就不要以此方式去对待别人。

我国古代有众多"推己及人"的先贤，像"大禹治水"故事中的大禹就是"己所不欲，勿施于人"理念的崇高典范。

大禹接受治水的任务时，刚刚结婚。当他想到治水的紧迫性时，告别妻子，率领27万治水民众吃住在治水前线。他夜以继日地进行疏导洪水的工作。在治水过程中，大禹三过家门而不入。最终，经过13年的奋战，疏通了9条大河，使洪水流入大海，消除了水患，创造了流芳千古的伟大成就。

到了战国时候，有个叫白圭的人跟孟子谈起这件事，白圭夸口说："如果让我来治水，我一定能比大禹做得更好。只要我把河道疏通，让洪水流到邻近的国家去就行了，那不是省事得多吗？"孟子很不客气地对他说："你错了！你把邻国作为聚水的地方，结果将使洪水倒流回来，造成更大的灾害。有仁德的人是不会这样做的。"

白圭的行为只为自己着想，不为他人着想，这种"己所不欲，要施于人"的错误思想，是要害人害己的。大禹把洪水引入大海，虽然费工费力，但这样做既消除了本国人民的灾害，又消除了邻国人民的灾害。大禹的推己及人的思想，值得人们钦佩和效法，而白圭的想法是强加于人的表现，不值得提倡。

春秋战国时魏国与楚国交界，两国在边境上各设界亭，亭卒们也都在各自的地界里种了西瓜。

魏亭的亭卒勤劳，每天锄草浇水，瓜秧长势极好；而楚亭的亭卒比较懒，瓜秧又瘦又弱，长势很不好。

楚亭的人觉得失了"面子"，一天夜里，偷跑过去把魏亭的瓜秧全都扯断了。魏亭的人第二天发现后，气愤难平，报告给边县的县令宋就，打算也过去把楚亭的瓜秧给扯断！

宋就说："这样做显然是很卑鄙的！我们明明不愿他们

扯断我们的瓜秧，那么为什么要反过去扯断人家的瓜秧呢？别人不对，我们再跟着学，那就太狭隘了。你们听我的，从今天起，每天晚上去给他们的瓜秧浇水，让他们的瓜秧长好，而且你们这样做的时候，一定不要让他们知道。"魏亭的人听了宋就的话后觉得有道理，于是就照办了。

楚亭的人发现自己的瓜秧长势一天好似一天，仔细观察后，才发现每天早上地都被人浇过了，而且是魏亭的人在夜里悄悄为他们浇的。楚国的边县县令听到亭卒们的报告，感到十分惭愧又十分敬佩，于是把这件事报告给了楚王。楚王听说后，也被魏国人修睦边邻的诚心所感动，特备重礼送给魏王，既以示自责，亦以示酬谢。后来这一对敌国成了友好的邻邦。

上例中的宋就之所以处理好了与对手的关系，正是因为他懂得"己所不欲，勿施于人"的道理。

己所不欲，勿施于人，在生活中方方面面都会形成尊重、理解的氛围，对于人际交往和社会和谐有很大助益。

总而言之，"己所不欲，勿施于人"的思想体现出来的仁爱之德，对于个人自身的发展、对于建设文明的社会都具有十分重要的价值和意义，我们每个人都必须身体力行，大力加以弘扬。

坚持客观性，克服主观性

孔子教导弟子们，不管是做学问还是为人处世，都要效法"毋意、毋必、毋固、毋我"这四点，意思是说：不要有主观猜疑，不要有一定要实现的期望，不要有固执己见之举，不要有自私之心。

孔子奉行和提倡的"毋意、毋必、毋固、毋我"的"四毋"中心思想，就是要求人们在做出决策的时候，必须坚持实事求是的原则，要坚持客观性，克服主观性、片面性。

后来，宋代朱熹在《四书集注》中对"四毋"做了比较详细的注解，他认为，"四毋"是互相关联的，前者是后者的起因，后者是前者的发展。朱熹具体释道：

"毋意"，是指做人处世不要有自己主观的猜疑，如果旁人有更好的意见，就欣然接受。

"毋必"，是指天下事没有"必然"的联系。天下之事随时随地在变，每一分钟、每一秒钟都在变，万物在变，人也在变；人的思想在变，情感在变，身心也在变；没有不变的事物。因此，想求固定不变，是不可能的。

"毋固"，是指不固执自己的成见。

"毋我"，是指不要什么事都为自己着想，而要替人着想，替事着想。

有这样一则寓言故事：

一天，狐狸来到枣园，看见树上的枣子又大又红，馋得直流口水。它想："老祖宗曾经因为没吃到葡萄就说葡萄是酸的而遭到世人的嘲笑，这可让我们狐狸家族丢尽了脸。今天我一定要亲自品尝一下枣子的味道，然后再发表意见，看谁还敢把我们聪明的狐狸写进寓言里去！"

想罢，狐狸开始踮起脚来摘枣。可是枣树比葡萄藤高，狐狸又不会爬树，只能在树下跳啊蹦啊，它始终没有摘到一颗枣，这可怎么办呢？

碰巧，就在狐狸仰着头看着满树的红枣发愁的时候，

"啪"的一声，一颗红枣被风吹落了，正好掉在狐狸的面前。其实，这是一颗被虫子蛀过的枣，可是从外表看却是红红的，非常诱人。

狐狸捡起枣子咬了一口——天哪！苦得要命。它还看到有一只虫子正在枣里蠕动，吓得连忙把嘴里的半颗枣吐了出来，把剩下的枣扔得远远的。

狐狸离开了枣园，一边走一边理直气壮地说："这次我说红枣是苦的，是经过亲自品尝得出的结论，千真万确，看谁还敢嘲笑我的结论！"

狡狸就是犯了片面、自我的错误。难道亲身体验的就一定是对的吗？如果那次经验只是主观的、片面的呢？所以，我们在运用某些经验进行决策的时候，一定要全面考虑、全局考虑，尤其是要避免因偏见而做出错误的结论和推断。最好多听听别人的意见，多借鉴一下别人的经验。下面这则寓言故事也强调了这一点。

有一只神龟被一个打鱼人捉住了，于是托梦给宋国国君宋元君。

宋元君在睡梦中看见一个人披头散发、探头探脑地在侧门窥视，并对自己说："我住在一个名叫宰路的深潭里。我替清江水神出使到河伯那里去，路上，被一个叫余且的渔人捉住了。"

宋元君早上醒来后，想起夜间的梦，觉得奇怪，于是叫人占卜一下。占卜的人说："这是一只神龟给大王托的梦。"宋元君问左右的人说："有没有一个叫余且的渔人？"左右回答说："有一个渔人就叫余且。"于是，宋元君命令手下传余且来朝见。

第二天，余且来见宋元君。宋元君问他："你打鱼时捉到了什么东西？"余且回答说："我用渔网捕到了一只大白龟，龟的背围足有五尺长。"

宋元君命令余且将白龟献上。余且赶忙回家将捉到的白龟献给了宋元君。

宋元君得到这只神龟后，几次想杀掉它，最终还是把它养了起来，但宋元君在杀与养中总是犹豫不决，最后只好请占卜的人来做决断。占卜的结果是："杀掉这只龟，拿它做占卜用,这是吉利的。"于是,宋元君命人将白龟杀死,剖空它的肠肚,用龟壳进行占卜,总共卜了72次,竟然次次都灵验。

后来,孔子听说了这件事,深有感慨地说:"这只神龟有本事托梦给宋元君,却没有本事逃脱余且的渔网;它的智慧能达到72次占卜没有一次不灵验的境地,却不能避免自己被开肠剖肚的灾祸。看来,聪明也有受局限的地方,智慧也有照应不到的事情。"

人的思维都会有局限性,"四毋"告诉我们,在做出重大决定的时候,要尊重客观现实,不要独断专行,要多听听别人的意见和建议,克服主观性和片面性,不自我,经过思考,再做出决定。这样,才能避免更多的差错,从而把事情做完美。

立身须高，有志者事竟成

俗话说："有志者事竟成。"

《菜根谭》中有段话："立身不高一步立，如尘里振衣、泥中濯足，如何超达？处世不退一步处，如飞蛾投烛、羝羊触藩，如何安乐？"意思是说：立身处世假如不能站得高、望得远，就好像在尘土里抖衣服，在泥水中清洗脚，又如何能超凡脱俗、出人头地呢？处理事务假如不多留一些余地，那就好比飞蛾扑火，好比公羊用角去撞篱笆角被卡住一样，哪里能够使自己摆脱困境、感到安然愉快呢？这段话以浅显的比喻说明，人生活在社会中，立身要高，心地要宽，有志者事才能成。

英国的一项最新研究显示，立身高、志向远大的孩子成年后更容易成功。这项研究持续了30多年，其间英国教育研究所的简·埃利奥特和同事们跟踪调查了近万名英国人。

1969 年，研究者对一群 11 岁的孩子进行了一项调查，了解孩子们的业余爱好、喜欢的科目以及对未来的期望，还要求孩子们写一篇短文，想象他们 25 岁时的情景，如生活状况、兴趣爱好、家庭和工作等。

当这些孩子长到 42 岁时，研究者重新翻阅了他们当年写的短文，并与现在的实际工作情况进行比较分析。结果显示，在 11 岁时便有专业技术职业理想（如兽医、律师、建筑师等）的孩子当中，50% 的人已经实现了抱负；即使有些人没有从事当初梦想的职业，但这些志向远大的孩子在其他专业技术领域的成功率也比较高；而那些没有类似职业理想的孩子，仅有 29% 的人在从事专业技术职业工作。

志向是人的一种美好愿景，能够指引人们人生的方向，也能帮助人们在遭遇坎坷时坚持到底。对于孩子来说，从小立志（如长大后成为"科学家"、"发明家"或"作家"）很重要，因为有志向的孩子更容易得到别人的肯定和鼓励，自己也会自觉奋发。尤其是"前程远大"的自我意象会"植入"孩子的自我概念中，从而能帮助他们在学业上做出更高远的选择，也能帮助他们积极地应对挫折。

梦想远大的人，即使实际做起来没有达到最终目标，但也会比梦想小的人的最终目标大得多。

耐迪·考麦奈西是世界上第一个在奥林匹克体操比赛中获得满分的运动员。他说："我常常低估自己的水平。因为我常说：'我能做得更好一些。'要想当奥林匹克冠军，你就得有不同凡响的地方，你还得比别人更吃得起苦。我不想过普普通通、平平庸庸的生活。我给自己确立的生活准则是：不要企盼简单容易的生活，而要力求做一个坚强有力的人。"

耐迪·考麦奈西之所以能够成功，在很大程度上正是因为有远大的梦想。

有研究人员选了一些运动员做实验。他们要这些运动员做一些别人无法做到的动作，还告诉他们，由于他们是国内最好的运动员，因此他们一定会做到的。

这些运动员被分为两组。第一组到了体育馆后，虽然尽力去做，但还是做不到。

第二组到体育馆后，研究人员告诉他们第一组失败了。

"但你们这一组不同。"研究人员说，"把这个药丸吃下去，这是一种新药，会使你们达到超人的水准。"

结果，第二组运动员完成了那些困难的动作。

"那是什么药丸？"有人问道。

"不过是无毒的粉末而已。"研究人员说。

第二组运动员之所以完成看似不可能的动作，是因为他们相信自己能够做到。所以，如果你相信你能做到，你就容易完成一切你要做的事。

担心被拒绝的推销商，就不会有勇气给客户打电话；害怕失败的运动员，就获得不了冠军；没有自信的人，放不下"思想包袱"，就做不到最好。

一位金牌获得者彼特·维德玛这样说，"每一天，我都将自己要在体育馆里完成的项目列出清单来。如果我的训练能持续3个小时，那真是好极了！如果我的训练能持续6个小时，就要感谢上天了！如果不把这些项目完成，我绝不会离开。我每天的生活目标就是这样的：每天离开体育馆的时候，我对自己说，我完成了自己的目标。"

一个能立志、有远大目标的人，会比一个没有志向、没有目标的人更有作为。所以，志存高远的人，取得的成就必定不凡。即使他的目标不能完全实现，他为之付出的努力也会让他受益终生。

爱护公物，人人有责

　　爱护公物是对每个公民社会行为的基本要求，也是衡量一个社会公民素质高低的重要标尺。"人无德不立，国无德不兴。"公民道德的好坏、素质的高低，不仅体现着一个民族的精神状态，还影响着一个国家的兴衰成败。但这要从每个人做起。

　　一个人的言行，不仅表现出其道德素质的高低，也从一个侧面反映出整个社会的总体素质状况。所以，爱护公物绝不是小事。

　　我们经常会听到这样的话，如：爱护公物，从我做起。孩子从上幼儿园起老师就告诉他们要爱护公物，上学后又被要求做到爱护教室的桌椅板凳，不能在桌子上乱刻乱写，不能把凳子卸下来玩，不能在教室雪白的墙上胡乱涂写；在校园内要爱护学校的一草一木，不能踩踏草坪；在校外，无论是逛公园还是去其他的公共场所，都要爱护公共设施，看见破坏公物的行为要想办法阻止；另外，老师还会教育学生无论在哪里，都不能随地吐痰，不能乱扔垃圾，要懂得珍惜清洁工人的辛勤劳动。

但是，做到这些非常不容易。比如，许多人随手乱扔垃圾的不良现象到现在还没有根除。中央电视台曾报道过，国庆节后的天安门广场，随处可见口香糖残迹。有人曾做过一个详细的统计，40 万平方米的天安门广场上竟有 60 万块口香糖残渣，这些密密麻麻的口香糖残迹与天安门广场的神圣、庄严形成了强烈的反差。

所以，人要想成为一个合格的公民，就要遵守社会公德，从一点一滴的小事做起，自觉爱护环境，保护公物；不乱扔果皮纸屑，不闯红灯，不在公共场所随意吸烟，不践踏草地花坛等。人要在爱护公物中提升自己为人处世的涵养，从日常生活的细节中展现自己美好的品格。

如同上面所讲随手乱扔垃圾的不良现象一样，在实际生活中，下列不良现象依然让我们寒心：

比如，有些人在公共场所活动时，对公共器材不加爱护，随心所欲，结果弄坏了器材，对此他们不但不觉得羞愧，反而漠然视之。

比如，有些人在图书馆看书的时候，总会有意无意地干一些破坏公物的事情，撕书、毁书、破坏桌凳等现象时有发生。

比如，有些人在散步时会随手折下一根树枝，随手扯下一朵花，还有的乱踩草坪等等。

曾有过一个真实的报道：广州市政府投入巨资兴建珠江岸边的中山大学北门，当时大门修建得典雅庄重，气度非凡，不仅引来了学子们的一致叫好，还成了市民游览的好去处。

没过多久，一些小孩在花草中踩踏、穿梭、玩耍。当有人请这些小孩出去玩时，站在一旁的家长却不以为然地说道："在里面玩怎么了！"

类似上面例子中破坏公物的现象还有很多，我们可以试想一下，如果人人都如此，社会将会变成什么样子？

破坏公物是一种不道德、不文明的行为，公共财产和设施一旦受到破坏，不仅国家、集体受到经济损失，还可能影响人们的正常工作、生活和娱乐。父母是孩子的启蒙老师，做家长的要更有责任、更有义务教育孩子遵守社会公德，爱护公共财产。近年来，随着社会生活水平的不断提高，国家对于公共设施的投入力度也在增加，像小区中健身器材的设立，图书室、阅览室、游艺室、露天体育场、各种休闲场所等的建设，这都是为人们提供更多的生活、娱乐设施。作为社会公民，我们在公共场所活动和使用这些公物时，理应精心爱护这些公共财产，保持环境卫生的干净整洁。我们应考虑我们的需求得到满足时，还有其他人要使用这些设施，我们行为不能给他人带来不便；而当我们发现有人损坏、盗窃公物等问题时，要及时向有关方面反映。

爱护公物、保护公物，体现了一个人的个人修养和公德意识。一个人是否具有良好的行为修养、道德品质，从他能否用心去保护身边的环境和公物就可以看出来。

　　1997 年，一家公司在广州进行公益活动。这家公司在全市的交通岗亭投放了 30000 把雨伞，以方便市民在下大雨时无偿使用，但同时列出了一个条件，即市民需要用完伞之后在方便的时候将雨伞放到市内的任何一个交通岗亭。这家公司在一个月以后重新清点雨伞，惊讶地发现全市交通岗亭回收的雨伞仅有 6 把。

　　在国外，1996 年，瑞士伯尔尼市政府为了方便市民，在大街上投放了 800 辆自行车，所有自行车都没有上锁，凡是需要自行车的人都可以随便骑，骑到目的地就地摆放就可以了。一年以后，市政府清点自行车，惊奇地发现，800 辆自行车一辆没少，有的甚至还被翻修一新。

　　人的品行和命运是从生活的细节中养成的。播下一个行动，收获一种习惯；播下一种习惯，收获一种性格；播下一种性格，收获一种命运。社会公德是个人素质的综合体现，也是社会约束力的表现。古人云："勿以善小而不为，勿以恶小而为之。"拥有一颗公德心，就能成为有公德的人。

　　如今，公共场所有很多爱护公物的条例，如：看到地上的纸屑，请随手捡起并放进垃圾桶内；在教室里挪动桌椅，请小心轻放；当开门开窗时，要轻手轻脚，以防损坏；看到哗哗流着水的水龙头，请随手拧紧；不要在雪白的墙上留下痕迹；离开教室，请随手关灯关电扇等。做到有一颗社会公德心，"随手"而为的小事就能体现。爱护公物不是一句口头禅，需要人们用实际行动来证明。

让我们从自己做起，自觉做到爱护公物、保护公共设施，这对创造清洁卫生、整洁美丽的环境极为有效，同时还要让爱护公物成为我们的良好习惯。

保护环境，地球是我们的家

保护环境，呵护自然界的一草一木，对我们人类来说是一个永恒的话题。我国古代许多思想家在这方面都有经典的语录。比如，《易经》有"阴阳通济"，儒家有"天人合一"，都是强调人与自然的和谐相处。

地球是我们人类生存、繁衍的家园，保护地球、保护环境不是为了别人，正是为了我们自己和子孙后代。时至今日，保护地球、保护环境这个古老而永恒的话题一次次地在雾霾、酸雨、废气污染、厄尔尼诺现象来临之时被提起，然而是否每个人都重视起来，把它当成自己的职责和义务了呢？

人生活在地球上，爱护地环是自己的职责。生产力的发展让地球更加美丽，但同时也给地球带来许多负面的东西。

从 1943 年美国洛杉矶市发生了世界上最早的光化学烟雾事件起，到北美、日本、澳大利亚和欧洲部分地区也先后出现同样的烟雾，经过各方面的反复调查研究，到 1958 年人们才发现，这种烟雾的出现是洛杉矶市 250 万辆汽车排放尾气污染造成的，这些汽车每天消耗约 1600 吨汽油，向大气中排放 1000 多吨碳氢化合物和 400 多吨氮氧化物。这些气体在阳光的作用下，就产生了光化学烟雾。

1986 年 4 月 26 日，位于前苏联乌克兰加盟共和国首府基辅以北 130 公里处的切尔诺贝利核电站发生强烈爆炸，导致反应堆内的放射性物质大量外泄，这种辐射量相当于 500 颗美国投在日本的原子弹所释放的能量的 8 吨多强辐射物质泄露，致使俄罗斯、白俄罗斯和乌克兰等许多国家和地区遭到严重的核辐射污染，这个事件也成为核电史上迄今为止最严重的事故。

1986 年 11 月 1 日，瑞士发生了震惊世界的剧毒物污染莱茵河事件。瑞士巴塞尔市桑多兹化工厂仓库失火，这次事故导致近 30 吨剧毒的硫化物、磷化物与含有水银的化工产品随灭火剂和水流入莱茵河，这几种物质顺流而下，导致 150 公里内的 60 多万条鱼被毒死；500 公里以内河岸两侧的井水不能饮用；靠近河边的自来水厂关闭，啤酒厂停产；有毒物沉积在河底，莱茵河因此"死亡"20 年。

据统计，我国是一次性木筷的出口大国，每年大约要生产 450 亿万双木筷，但同时，我国要减少 200 万公顷的森林。近些年来，由于人们的环境意识淡薄，生态破坏严重，环境恶化问题更为严峻。比如，1998 年，长江、嫩江、松花江流域的大洪灾严重影响到人们的正常生活，甚至威胁到人们的生命财产安全。还有河南夏邑县响河、毛河交汇后的近 20 里河道内，河里的生物全部灭绝，住在河道附近的近 30 个村庄的居民深受其害，其中有个别的村子，有 20% 的人患有消化系统疾病。城市中，噪音污染严重，这些噪音来自交通工具、建筑、修路等，噪音导致人难以集中精神工作、学习，听觉受损，更严重的还会失聪，严重影响了人们的正常生活。

一件件铁证如山的事例向人们说明，地球需要人们爱护，环境也需要人们保护，地球"病了"，环境恶化了，遭受惩罚的还是人类自己。

顾炎武说："天下兴亡，匹夫有责。"当今世界以"和平与发展"为时代主题，而要想持续发展首先要做的就是保护环境，因为保护环境是当今社会对人们提出的迫切要求。

《中华人民共和国宪法》第二十六条明确规定："国家保护和改善生活环境和生态环境，防治污染和其他公害。国家组织和鼓励植树造林，保护林木。"根据中华环保联合会发布的《2008中国环保民间组织发展状况报告》，截至2008年10月，全国共有由政府发起成立的环保民间组织1309家、学校环保社团1382家、草根环保民间组织508家、国际环保组织驻中国机构90家、港澳台地区的环保民间组织约250家。

保护环境需要从自身做起，并用实际行动去证明。2002年，被美国八大名校同时录取的有"环保女孩"之誉的容忆是深圳实验学校的一名高中毕业生，当时，想要录取她的这8所大学都是全美大学排名前25位的名校，其中7所学校答

应给她全额奖学金。很多人对容忆的这种荣耀感到羡慕，可是，在大家羡慕的背后，容忆也在一直默默地付出。容忆从小就热爱环保事业，她利用课外时间创建了自己的环保网站"茶茶公益频道"，吸引许多环保爱好者为祖国的环保事业做贡献。

人类只有一个地球，保护环境，人人有责。所以，为了鸟儿还能在蔚蓝的天空中翱翔，为了鱼儿还能在清澈的河流中畅游，我们要从身边的小事做起，从点滴之处去爱护环境、保护环境，创造一个环境优美的地球家园！

仁者爱人，爱人者，人恒爱之

俗话说：爱人者，人恒爱之。人如果没有爱心，那么就只是一具形同槁木、没有温情的躯壳，这和泥土、树木、动物有什么区别呢？

爱是人性最美的花朵，爱有三个层次，就是自爱、仁爱、兼爱。自爱，是指自己对自己的爱；仁爱，是指爱其他人；兼爱，是指爱世界万物，有慈悲之心。

一个人爱自己并不难，爱别人则需要具备一定的涵养，而兼爱则需要有宽广的胸怀。

有这样一个有趣的实验：

美国心理学家为从动物实验中获得有关爱的人类行为线索，为幼猴设计了五种人造母猴，观察"母亲"的拒绝会在幼猴的身上引起怎样的反应：第一种偶尔用压缩空气吹幼猴；第二种会猛烈晃动，致使幼猴无法爬到"母亲"身上；第三种装有弹簧，能将幼猴弹开；第四种"母亲"的身上布满了铁钉。但这四种"母亲"都未能将幼猴从它的身边赶开。唯独第五种体内灌有冰水的母猴使幼猴躲在墙角，并永远地拒绝了"母亲"。

这个实验说明冷漠是拒人的第一利器。

很多人认为自己不被别人理解才造成了与他人之间的隔阂，但实际上往往是因为自己在与人交往的时候不够热情、主动，表现冷漠，才造成了与他人的隔绝。

中国传统意义上的"仁者"是指充满慈爱之心、满怀爱意的人。在孔子"论仁"的多种解释中，"爱人"是最能代表"论仁"的中心含义，并能最大限度地囊括"仁爱"的内涵的解释。在《论语》中，孔子还对"仁者爱人"的思想作了进一步的阐发，即仁爱包括"恭、宽、信、敏、惠"。

这里有个故事。

孔子的弟子子张向孔子请教什么是"仁"。孔子说："能随时随处做到具备这五种品德，就可算是仁了。"子张问是哪五种品德。孔子回答："恭谨、宽厚、信实、勤敏、慈惠。"这五个词好理解：对人恭谨是指对人恭敬就不会受到侮辱；对人宽厚是指会得到众人的拥护；对人信实是指交往诚实能赢得别人的信任；对人勤敏是指做事勤恳就会取得成功；对人慈惠是指有爱心能很好地使用民众的力量。

"恭"、"宽"、"信"、"敏"、"惠"，是"仁"的具体体现。其中，"宽"、"信"、"惠"，主要是对人而言的；而"恭"、"慈"两项，主要是就己而言的。只有这两方面结合起来，才能达到"爱人"的基本要求。

爱人的人，必会得到他人的爱。广施爱心，必能广得爱的回报。法国画家夏尔丹说："人类在探索太空、征服自然后，终将会发现自己还有一股更大的力量，那就是爱的力量，当这天来临时，人类文明将迈入一个新纪元。"

人生中最珍贵的，是爱；最容易被人所忽视的，也是爱。心中有爱，人就会是幸福的。爱能够助人创造出很多奇迹。

25 年前，有位教社会学的大学教授曾让班上的学生到巴尔的摩的贫民窟调查 200 名男孩的成长背景和生活环境，并对他们未来的发展做出评估。回来后，每个学生的结论都是："贫民窟中的孩子毫无出头的机会。"

25 年后，另一位教授发现了这份研究，他让学生做后续调查，看看昔日的那些男孩今天是何状况。结果，除了有 20 名男孩搬离或过世外，剩下的 180 名男孩中有 176 名成就非凡，其中担任律师、医生或成为富商的比比皆是。

这位教授在惊讶之余，决定深入调查此事。他拜访了当年曾受评估的年轻人，向他们请教同一个问题，"你今日能成功的最大原因是什么？"结果，他们不约而同地回答："因为我遇到了一位好老师。"

孩子们口中的那位老师仍然健在，她虽然年迈，但耳聪目明。教授找到她后，问她到底有何绝招，能让这些在贫民窟长大的孩子个个出人头地。

这位老太太眼中闪耀着慈祥的光芒，嘴角带着微笑回答说："其实也没什么，我只是以爱心去教这些孩子。"

看，这就是爱的力量！

如果我们每个人都学会在生活中传播自己的爱心，多一分关爱给身边的人，这世界将会变得更加美好！

品德修养决定人生的走向

俗话说："人之成才，重在素质；素质形成，重在修养。"在当今社会，不是位置决定素质，而是素质决定位置。人不怕没位置，就怕没素质。这句话充分说明了个人品德修养对一个人成长的重要性。

"素质"一词原本是一个生理学概念，指的是人们先天的生理解剖特点，即神经系统、脑的特性及感觉器官和运动器官的特点。但现在我们所说的"素质"一般是指一个人在为人处世中所表现出来的个人修养和能力，主要包括一个人的心理承受能力、文化教育水平，它以先天禀赋为基础，在后天环境的影响下形成并发展完善。

而"修养"一词原意是指是一个人修身养性、反省自新、陶冶品行和涵养道德。到了马克思时代，赋予了"修养"新的含义：在自我行事之中不断进行自我教育、自我改造。这种教育和改造离不开社会实践，离不开个人在实践中的主观努力。现在我们说的"修养"，从广义上是指人们在政治、道德、学术以及技艺等方面进行的勤奋学习和涵养锻炼的功夫，以及经过长期努力达到的一种能力或思想品质；从狭义上是指思想品德修养。

某喧闹的广场上，聊天的人、放风筝的人、照相的人、参观的人、穿行而过的人……熙熙攘攘。一会儿，几个农民工从广场上走过，迎面遇上一家三口，家长正教孩子在广场上学滑旱冰，而孩子冷不防挣脱父亲的手想自己试试。

由于用力过猛，孩子控制不住重心，径直向对面走来的一个农民工冲去，二人都跌倒了。好心的农民工吓坏了，赶紧去扶这个孩子。孩子爬起来歉意地朝农民工笑笑说："叔叔，对不起啊。"这时，孩子的父亲赶过来，不分青红皂白地呵斥农民工："放开你的脏手，谁要你扶了？"然后扶着自己孩子问："没事吧?"

当时广场上很多人在看着，很多人朝父亲投去不解的目光。

是的，现今我们生活水平较之以前大大地提高了，但一些国人的道德修养还有待提升。一个人的素质高低直接折射出其个人品质的高下，真正要实现国家富强、民族复兴，提升个人的道德水准和修养素质与提升生活水平同样重要。

人在成长过程中会遇到很多人，会经历很多事，所以，孩子从出生起父母就要不断教导孩子学做人、学做事，让孩子从小养成好习惯、好教养。

两个年纪差不多的年轻人，在大约同一时间来到了同一家公司，他们之间最大的差别就是学历的不同。A 是今年毕业的专科生，B 是今年毕业的本科生，他们的专业都是国际贸易。两人分到了同一个部门，在刚开始的时候他们最大的差距就是工资待遇上的不同，公司规定，专科生比本科生在底薪上少 500 块钱，实习期过后会根据个人的表现确定二人最后的工资。

转眼间三个月的试用期马上就要过去了。A 虽然是专科毕业，但是不管是在为人处世上还是在工作业绩上都表现非常出色。比如，看到地上有一张废纸，他会捡起来放到垃圾箱里去；再比如，公司里很多人抽完烟喜欢乱扔烟头，但他每次都会把烟头掐灭，然后放到烟灰缸里，假如身边没有烟灰缸，他会把烟头扔进最近的垃圾桶里……除了这些，不迟到早退、敬业工作是他对自己的要求，那时，他还要求自己每天微笑着对待自己的同事。

B虽然工作能力上不错，但是个人素质和修养和A比起来却相差甚远。比如，随手扔垃圾，桌上的东西常堆放无序，致使要找东西来半天找不着。

三个月试用期结束了，A和B的工资已经完全相同了。而一年以后，A晋升为部门主管，B还在原位置上没动。

找工作在很大程度上靠的是学历，但是在工作中升迁、涨薪靠的则是个人能力和素质的高低。个人素质不是马上就能表现出来的，它是需要不断积累并且通过平时的一言一行体现出来的。所以，个人素质的高低是一个人整体品质的表现，一个真正素质好的人身上会拥有很多闪光点。

在当今社会，人们早已意识到：有知识并不等于有文化，有智商并不等于有智慧，有文凭也并不一定代表有水平，有学历更不等同于有实力。注意提升自己的道德修养，增强个人的整体素质，对做大事极有帮助。让我们从自己做起，从现在开始努力培养素质吧！

素质自己"养",品德自己"修"

一个人的品德修养决定了他的人生走向。很多人在平时的生活中会抱怨自己魅力不够或者是羡慕他人的功成名就,然而,人生之路是自己一步一个脚印地走出来的,因此素质自己"养",品德自己"修"。

提高个人的素质品德不是一件简单的事,它靠的是点滴积累、不断完善。戏台上有句话:"台下十年功,台上一分钟。"说明了积累的重要性。十年的积累才换得台上表演一分钟,这个说法虽然有点夸张,却说明了人做什么事长期积累是基础。

"不积跬步,无以至千里。"所有人们要做的都是从点滴开始,不断积累,直到能做成事,做好事。

十年前有个小孩刚刚读小学,由于从小被家长溺爱,所以他在学校里面很不合群，不管做什么事情都先考虑自己，丝毫没有集体意识、大局意识。他既不会去助人为乐，也不会主动去团结同学，所以，他在学校里得不到朋友们的喜欢，老师对他也毫无办法。

一个偶然的"机遇"，让他有了彻底的转变。一天，他一个人走在放学回家的路上，遇到了一个"小混混"。"小混混"想问这小孩要点零花钱，由于这个小孩家庭条件不错，所以这次他就被"盯"上了。无助、害怕、愤怒等情绪在小孩头脑中瞬间迸发了出来，但是他不知道要如何面对，那个"小混混"还拿出了自己的"凶器"。

就在这个时候，路过的三个学生也就是这个孩子的同班同学发现了这一情况，他们一个打电话报警，另外两个赶紧过去帮忙。"小混混"仍在纠缠，没想到警车竟然到了。这个孩子成功地脱离了困境。

从那天开始，这个孩子明白了朋友的重要性，也知道了团结互助的真正含义。他开始有意识地提高自身的素质修养，同时不断积学习人生的各种智慧。

十年后的他再也不是孤单地一个人在人生路上行走，他身边有了很多朋友。毕业之后他开始了自己的职业生涯，由于他热情助人，经常为大家分担工作任务，所以同事们都喜欢和他交往，谁有了工作上的困难，都会向他请教，他也常常急人所急，乐于帮助他人，甚至牺牲自己的休息时间助人，而且任劳任怨，丝毫不图回报。领导看到了他的优点，也充分认可了他这种乐于奉献、不计私利的优点，不久他就得到了提拔。

　　这个故事非常值得我们深思。我国古代有"修身、齐家、治国、平天下"的说法，即人要提升自己的修养，就必须从自己的一言一行开始。要有大局观念，但人都是有私心的，做到"修身"必须要克服自己缺点。古人讲"改地迁善"，那么，如何才能做好"改"呢？

　　"改"，即"改言"、"改性"、"改心"。这里的"改"是相对的。先说"改言"。人与人之间沟通的最基本方式就是语言，如果我们说话不讲艺术或是说话不得当，就很难得到别人对自己的好感。所以，要提高自己的素质修养，首先从改变自己的说话方式开始。"改性"、"改心"是讲我们在性格上和思想上若有一些弱点和不足，那么，就要在自己的生活中注意加以改变。不改的话，自己就很难在道德修养上有所提高。

除了改，古人还提倡"受"，即人在自我学习和自我提高中应该学会"受教"、"受苦"、"受气"。在人生的道路上有的人为何能不断地进步，而有的人则不进反退呢？原因就在于他们能不能"受"。有些人不乐于接受自己身边的新事物，不能够很好地改进自己的不足；还有些人不接受别人的意见，也不接受自己身边的新事物、新思想。"受教"，是生活中的常态，所谓"受教"，就是把东西吸收到自己思想中，然后把它消化成为自己的思想。人不仅仅要"受教"，还要"受苦"、"受气"，一个人不能只接受别人的赞美，还应该学会接受别人的批评、指导，甚至"伤害"，从一定意义上说，能"受苦"、能"受气"的人才会有进步。

学习是人一辈子的事情，提高修养也是每个人一生的功课，素质的积累是一个不可间断的过程，"三天打鱼、两天晒网"不是一个可取的方法，只有日积月累、坚持不懈才会自然而然地形成一种好习惯，从而有助于日后的发展和成功。所以说，自我学习永远不能停止。

正身从小事做起

老子有句名言："合抱之木，生于毫末；九层之台，起于垒土；千里之行，始于足下。"荀子也有句名言："不积跬步，无以至千里；不积小流，无以成江海。"老子和荀子的名言说明，人只有把小事做好了，才能干成大事。成语"一屋不扫，何以扫天下？"说的也是这个道理。

从小事做起，难吗？难。现今，很多人的目标总是那么高远，他们常会这样说："我以后要当科学家，出国留学，要拿诺贝尔奖等等"，这些是他们发自内心的想法，他们也确实很想达到这样的目的，可是想法毕竟难以等同于实际。人目标远大是好事，可是不能眼高手低，以为自己有多了不起，对干一些小事丝毫不放在心上，否则的话，所谓的远大理想也不过是空中楼阁、梦中幻想罢了。

每天进步一点点，长此以往，成功就会离我们不远了。

有两个年轻人，为自己的人生努力着。

一个人每月坚持把工资和奖金的 1/3 存入银行，尽管许多时候这样做会让自己手头拮据，但他仍咬咬牙照存不误，有时甚至在需要借钱维持生计时也从来不去动银行的存款。

相比之下，另一个人的情况就更糟糕了，他整天待在狭小的地下室里，将数百万根 K 线一根根地画到纸上，贴到墙上，然后对着这些 K 线静静地思索，他有时甚至能面对着一张 K 线图发几个小时的呆。后来他把自美国证券市场有史以来的纪录搜集到一起，从那些杂乱无章的数据中寻找着规律性的东西，许多时候这个人不得不靠朋友的接济勉强度日。

这样的情况在两个年轻人的世界里各自持续了六年。六年的时间里，那个勤俭的人靠自己的勤俭攒了五万美元的存款；而另一个整日搞研究的人则集中研究了美国证券市场的走势与数学、几何学和星象学的关系，渐渐有了名气。

六年后，勤俭的人用自己在艰苦的岁月里仍坚持节衣缩食积累财富的经历打动了一名银行家。他从银行家那里获得了创业所需的 100 万美元的贷款，创立了麦当劳在日本的第一家分公司，从而成为麦当劳日本连锁公司的领导者。这个人叫藤田田。

六年后，那个搞研究不止的人成立了自己的经纪公司，并发现了最重要的有关证券市场发展趋势的预测方法，他把这一方法命名为"控制时间因素"。他在金融投资生涯中赚取了五亿美元的财富，成为华尔街上靠研究理论白手起家的神话人物。他叫威廉·江恩，是证券行业人尽皆知的最重要的"波浪理论"的创始人，如今他的证券理论已经被译成十几种文字出版，成为世界各地金融领域的从业人员必备的知识。

藤田田靠节衣缩食攒钱起家，江恩靠研究 K 线理论致富，这两个故事告诉我们同样一个道理：殊途同归。许多成就大事业的人，都是从一点一滴的努力中创造和积累成功所需的条件的。

在现实生活中，每个人都有梦想，都渴望成功，然而

正心 正身 正己

"智大才疏"往往是阻碍人们成功的最大障碍。有些人看到的只是成功人士功成名就时的辉煌，却忽略了成功人士在此之前所做的艰苦卓绝的努力。事实上，世界上没有一蹴而就的成功，每个人都只有通过不断的努力才能积聚起改变自身命运的爆发力。

成功需要积累。"水滴石穿"的故事大家耳熟能详：

水滴落在岩石上发出滴滴答答的声音，它和岩石有个"约定"，要用自己柔弱的身躯凿穿坚硬无比的岩石。但是水滴的力量那么渺小，仿佛再怎样也无济于事。然而，小小的水滴并没有放弃努力，即使是被坚硬的岩石回击得四分五裂，也依旧不断地用自己的生命在岩石上留下自己的痕迹。

岩石对水滴说："我看你还是算了吧！你这么做无异于以卵击石，你还是放弃了吧！"可是，水滴依旧不放弃，它用铿锵有力的声音回答岩石说："飞瀑之下，必有深渊，所以我们水滴只要持之以恒，最终会有穿石的结果。"

日复一日，年复一年，水滴不断地撞击着岩石，终于，坚硬的岩石慢慢地有了被水滴击过的痕迹。终于，岩石上多了一个小小的洞。

水滴石穿，柔弱的水也有力量！这就是坚持的意义。每个人都要牢记，要想成功，就要从小事做起，一步一个脚印地、踏踏实实地走下去。

人生四戒二拥有

"修身养性"一个人需要具备的修养会随着社会的发展以及个人成长的轨迹与日俱增，是人一生的必修课。在这堂课上，人需要学习的东西很多很多，最主要的是以下几个方面的内容：

（1）戒生气

古语有云："气大伤身。"生气是人情绪的一种，也是负面情绪的一种。生气不利于人的健康，经常生气的人心脑血管的发病率会比一般人高很多，心脏系统的发病率也会提高不少。所以经常生气的人身心会受到很大的损害。而要想养成良好的个人素质修养，戒生气是必不可少的第一步。

（2）戒自卑

很多人会因为这样或那样的情况而不相信自己的能力，

产生自卑的心理。自卑可以轻而易举地摧毁一个人。自卑会让人失去斗志，变得胆小、懦弱。因此人要想提高自己的素质修养，戒自卑也是必不可少的一项内容。

（3）戒嫉妒

嫉妒是一种很负面的心态，会给人带来不良的影响。嫉妒就像魔鬼，不仅伤人而且伤己。所以，人与其将自己有限的精力消耗在嫉妒上，还不如抓住时机做一些有用的实事。

（4）戒诱惑

在这个世界上，有太多的事情容易让人迷失自我。很多人想要得到比别人更好的东西，也想要得到更好的更富足的物质享受，于是为了"诱惑"而不择手段，结果却是丧失了自我。所以，人想要提高自己的素质修养，戒掉诱惑是必要的。

人要有正能量。下面二种是人必须培养的基本素质：

（1）拥有善良仁爱之心

人内心里有善，才会看见弱小而自觉地上前扶助；人内心里有善，才会看见贫穷而情不自禁地产生同情；人内心里有善，才会看见寒冷而愿意去雪中送炭。善良是人内心最宝贵的财富，也是中华民族最珍惜的传统，是人们彼此赖以生存和心灵相通的链环。一点一滴播撒和积累下的善良仁爱，会在心里形成一泓循环的水流，滋润着人的心田。

善是人不可或缺的美德，也是检验人心灵品质的一张试纸。

"善"一般是和"慈"连在一起的。慈善，是一种值得敬重的美德，慈善事业，是一种充满大爱的事业。

（2）拥有平常心

平常心有很多种解释，包含以下几项重要内容：静坐常思己过，闲谈莫论人非；不怕吃亏；善于忍让；宽容大度，做好自己分内的事情等。

平常心是人一生的必修课，修身养性之道在于人自我修养的不断提高与积累。

古时有这么一首小诗："一身浩然气，二袖清白风，三分傲霜骨，四时读写勤，五谷吃得香，六神常安定，七情有

节制，八方广结缘，九有凌云志，十足和善心。"很简单的十句话，却写尽了人生的种种境界。所以，个人修养的最高境界是拥有平常心，看淡生命中的一切得与失，做回最简单的自我。

一德立而百善从之

自古以来，良好的道德修养一直被人们所推崇，是衡量一个人是否优秀的永恒坐标。

人具有良好的道德修养昭示的是他的精神风貌，体现的是他的道德水准，也是他心灵是否真、善、美的重要标志。那么，什么是道德修养呢？一般意义上道德修养的内涵，主要指一个人的性格、气质、能力等特征及道德品质、道德行为等具体方面，渗透在人的言行举止之中，覆盖了人活动的多个层面。也就是说，一个人爱什么，恨什么；追求什么，厌弃什么；怎样律己，怎样待人；怎样工作，怎样生活；得意时会有什么样的情感，挫折时会有什么样的态度；成功时会有什么样的心境，危难时会有什么样的表现……时时处处显现道德修养。

　　《论语》中说："德之不修，学之不讲，闻义不能徙，不善不能改，是吾忧也。"孔子强调说，君子重视的是道德修养，小人关心的只是土地财富；君子重仁义，小人重物质。孔子常对其弟子说，对于君子来说，除了理想和追求外，道德修养极为重要，要经得住困难的考验，"岁寒而知松柏之后凋也"；看到贤德之人就向其学习；看到不好的人要引以为鉴、反省自己，做到"见贤思齐，见不贤而内自省也"。

　　孔子认为，一个人要过上美好而成功的生活，就必须具备与之相符的良好的道德品格。品格是道德问题的核心，而追求良好的品格，其实就是追求全面性的"个人卓越"与"人际卓越"。人想要达到真实、全面、令人深感满意而且可以长久的个人卓越境界，就务必要拥有最基础的道德底线——良好的品格，而良好的品格又是伦理道德的核心。好的品格大致包括诸多元素：正直、诚实、耐心、勇气、仁慈、宽容、富于责任感等。

　　周敦颐在他的名篇《爱莲说》中有一句著名的话："出淤泥而不染。"寓意赞美荷花的高贵品格，将荷花视为清白、高洁的象征，也是对有德行的高尚君子的隐喻。可见，一个人的道德修养好坏虽然不是一眼能看穿，却是一个人的人生标签，它的价值不可估量。道德修养的衡量标准与人的声望、金钱、权力及任何世俗标准截然不同甚至毫不相干，但是这些标准都是建立在人首先要具备良好的道德修养的基础之上的。

在社会交往中，道德修养对于一个人来说，极为重要，古往今来都是衡量正人君子的一把尺子。中国古人常说，"富贵不能淫，贫贱不能移，威武不能屈"，"临大节而不可夺"，讲的都是待人接物时的基本原则，也是道德修养公认的社会标准。

确立社会道德标准，可以作为伦理的指南，让人在航行在社会中的航船受到诱惑的狂风袭击的时候，不致偏离航向。生活中，很多人并没有十分坚定的道德态度，因此，一旦遭遇到困难，往往很容易被击败。所以，人在努力迈向成功的过程中，良好道德品格发展的重要性丝毫不能逊于智力的发展，也丝毫不逊于人持续提升的感受能力，以及表现技巧。如果一个人未能培养良好的品格，便不可能建立真正成功的人生。有些人没有正确的能力去评估怎样做最合乎自己的利益，常追求错误的"梦想"，这实际上是以一种自我毁灭的方式去行事。还有一些人没有长远的眼光，只重视眼前可以带来快乐或其他有甜头的事物，不顾及大局或以损人的方式达到利己的目的。这些都是不对的，事实上，假如没有伴随优良品格而来的洞察力、自我约束力以及耐力，我们便难以平稳迈向全方位的"个人卓越"。反之，如果我们能培养自己优良的道德品格，建立起坚强的道德性格，就能扫除人生路上众多的障碍，从而获得个人真正意义上的成功。

生活中，我们要做任何事，或筹划任何事，也都是以夯实良好道德为基础的。没有这样的基础，人注定要失败。人首先要确定明确的、符合社会规范的良好的道德标准，然后据此行事。

在源远流长的中华传统文化积淀中，历代先贤都强调修身养性对一个人夯实良好道德基础的重要性。所谓"存亡祸福，其要在身"，"善养浩然之气"，先"修身"，再"治国"，然后"平天下"等理论，讲的也是这个道理。当然，修身，绝不是一种单纯的外在修饰，更深层次上讲的是一个人对自己道德修养的匡正，所谓"欲修其身者，先正其心"。

人夯实良好道德基础，为正身做好准备，提高自己的道德修养，不仅是人格形成的关键因素，也是建立人格结构中的核心要素。中国古代思想家对个人的道德修养给予特别的关注，把它作为政治学说和人生理论的一个重要组成部分，把德行与事业看作人生追求不可分割的两个方面，强调德是立业的基础，"一德立而百善从之"。古人说："人之生也，无德以表俗，无功以及物，于禽兽草木之不若也。"就是说，道德修养是本，是一个人安身立命、待人接物的基础，只有立德，其他才能随之而立；如果立业的过程中不注重品德修养，事业就没有根基。

立德，并非纸上谈兵，强调的是要在现实生活中注意把握道德修养的原则和标准。世界之大，人口众多，千差万别。一个人要想立德修身，究竟依据什么样的尺度，这是非常重要的。要从时代需要出发，广泛汲取中华文明光辉灿烂的传统文化中优秀的精神元素，结合自己的个性，完善自己的德行。应该说，自古以来，我们的先人们在如何提高道德修养一直在进行不懈的探求与实践，总结出了灿若群星般璀璨的智慧，夯实了如何锻造崇高道德修养和人格的根基。古代君子崇尚以"万事莫贵于义"为核心的做人准则，还有像嫉恶从善、公正无私、正气浩然、与人为善、诚实守信、重义轻利、洁身自爱、忧国爱民等，都是中华文明所推崇的道德修养中的闪光之处，是我们应该永远继承和发扬的。而那些口碑如山的君子，更是我们的楷模、学习的榜样。

那么，怎样才能提高自己的道德修养呢？

首先，不管何时何地都要争取做到完全诚实。孔子讲："人无信不立。"孟子说："言而有信，人无信而不交。"要求人在一言一行中贯彻诚信原则，不轻易许诺，言出必果，即使情况特殊不便于吐露真言，也不要因此而编造谎言。

其次，为人要正直。正直是道德修养中不可或缺的原则，它能使人具备勇气和力量，经受不公命运的考验。

林肯在1858年参加参议院某次竞选活动时，他的朋友警告他不要发表某一方面问题的演讲，否则会树敌而失去很多选票。但是林肯回答说："如果我不能坚守正直的做人原则，那么就让我伴随着正直落选吧。"结果是他确实落选了，但是两年之后他就任美国总统。

人在加强道德修养时还有一个重要的内在动力，那就是需要用自尊自重，谨言慎行来规范约束自己，做到非善莫为，非礼莫做，严于律己。

在现实生活中，大多数人都有理想和追求，毫无理想追求、浑浑噩噩过日子的人总是极少数，但不重视道德修养、修身的却大有人在。比如有些人总觉得自己怀才不遇，愤世嫉俗，认为社会埋没了他们，但实际情况可能并非如此，这些人并非真正德才兼备，他们放松了对自己道德修养的要求，志大而才疏，思想幼稚、脆弱，对生活中的矛盾和挫折缺乏适应能力、承受能力和应变的能力。现今社会竞争崇尚多元化、个性化，但仍然不能放松对自己道德修养提高的要求。

所以，我们要以提高道德修养为本，以古人"吾日三省吾身""见贤思齐焉，见不贤而内自省也"的精神严于律己，自察自省，对自己不足的地方加以改正，对优点加以发扬，以达自我提高、自我完善的目的，全面提高自身的素质。

"宝剑锋从磨砺出，梅花香自苦寒来"，人只有"苦其心志，劳其筋骨，饿其体肤，空乏其身，行拂乱其所为"，才能经历风雨，成熟成长，人提高道德修养非一日之功，但只要有意识地去锻造和完善，就一定能逐步提高，达到道德修养的高标准。

心灵"除尘"，始终如一地保持纯净的心

人生中最重要的是什么？成败？得失？富贵？功名？其实都不是，关键在于能否在纷扰繁杂的社会中正身自省，时时为心灵"除尘"，始终如一地保持一颗纯净的心。

为什么这样说呢？因为在每一段人生旅途中，很多时候，很多人只注重了外在能力的提升，比如技能上的、体力上的、智力上的，却常常忽视了自我内心的更新、"除尘"。人几天不洗澡，会觉得身上有脏东西，但如果心灵不洗澡，长期下去，也会丧失耳清目明的自知力，就像电脑的维护系统要杀毒和升级一样，我们的心灵作为提供人强大的精神动力的中枢系统，也需要常常洗澡、"杀毒"和更新。

传说著名高僧一灯大师藏有一盏"人生之灯"，灯芯镶

有一颗历时 500 年之久的硕大夜明珠。此珠晶莹剔透，光彩照人。得此灯者，可超凡脱俗、超越自我、品性高洁，得世人尊重。后有三个弟子跪拜一灯大师求教怎样才能得此稀世珍宝。一灯大师听后哈哈大笑，对三个弟子讲："人众多，可分三品：时常以损人利己抬高自己者，心灵落满灰尘，眼中多有丑恶，此乃人中下品；偶尔自吹自擂、损人利己者，心灵稍有微尘，恰似白璧微瑕，不掩其辉，此乃人中中品；终生自省不断，虚心完善自己，不损人利己者，心如明镜，纯净洁白，为世人所敬，此乃人中上品。人心本是水晶之体，容不得半点尘埃。传说老僧所谓有'人生之灯'，其实是空穴来风，老僧只有一颗纯净的心灵，时时反省，处处自省，永保洁净。"

这个故事说明，要想让自己拥有一颗水晶般的心灵，就要培养自省习惯。

自省，就是审视自己，反省自身。人们在对事情进行归因时，常常是把积极的结果归于自己，把消极的结果归于其他，这样很难做到积极公正地审视自己。自省是一种非常优秀的品质，也是修身之道，人只有懂得自省才能够不断进步。纵观那些成就大事业的人，不难发现他们都具有自省这个优良的品质。

英国著名小说家狄更斯，因为作品深受人们的喜爱，所以每次新作还没有出来，就已经有很多人等着拜读他的作品了。但是，就是这样一个优秀的作家，却从来都不会将自己没有完全认真检查过的文章给读者看。他有一个习惯，每天无论到了什么时候，都会坚持把自己已经写好的全部内容通读一遍，发现任何不满意的地方及时更正，直到自己满意为止。因为他坚信一部自己都不满意的作品是无法获得别人的认可的，因此他的每次修改过程要花费好几个月的时间。然而，正是因为拥有了这种不断自省的精神，才使其获得了非凡的成就。

著名儒家创始人孔子有一句著名的话："吾日三省吾身。"人反省自我的过程实际上就是不断完善自己的不足、虚心改过的过程，自省能使人在检查自我的过程中变得更加清醒和智慧，也提供了不断前进的动力。

当然，在自省的过程中，是离不开保持纯净的心这一前提的。人只有在拥有坚定的意志，才能在人生的旅程中波澜不惊，态度正确，成就一番大业。

让心洁净是修身之本，是一种境界，需要有足够的自制力来克制自己的内心欲望，没有时间的打磨，就无法达到这种境界。

有这样一个故事：

有一天，智者和其学生二人在海滩上散步，但见海上波涛汹涌，白浪滔天。智者问学生："看到波涛翻滚的大海，你会联想到什么？"学生答道："我想到了自己的心，想到了我躁动不安的思绪。"智者说："不错，汹涌澎湃的大海正好似人的心，而那翻滚不息的波涛就是人的思绪。可是，心本如水，水亦似心，无波无浪，平息如镜。现今波涛起于海上，是因为有风，不安思绪正是心中杂念丛生产生的欲望和恐惧等。"学生叹道："最可怕就是此情此景，心如一叶扁舟，随波逐浪漂流。"智者说："平常人概皆如此，只是不自觉而已。身似失舵之小舟，心如翻滚之沸水。无止的欲望控制着人心，就如同狂风搅动着大海。"学生急忙鞠躬施礼，"弟子追随大师，只为求得内心一片安宁。"智者拈髯一笑，"要想让大海归于平静，其本不在大海，因为你无力也无法控制海水，你可能做到的，是去停止风的搅动。""恳请老师明示。"学生欲求详解。

"假如大海不为风所动，那将如何？"智者问学生。"大海会风平浪静。可是，老师，有谁能让风止住？"智者笑了，"风、海、欲望原本都在你的心里，而你心中的风，则是你的思想、欲望和恐惧，不要让欲望和恐惧控制你的心，而要让你的心去控制欲望和恐惧。把握住自己的心，也就没有了风、海、欲望。唯其如此，你心中的海才可以归于平静。"

智者向我们诠释的正是一种"万念归心"的智慧，可是现实中很多人体会不出这个道理，所以看人看事，处人处事，难免心浮气躁，怨天尤人。

有一位年轻的画家，他刚走入社会时，三年没有卖出去一幅画，这让他很苦恼，总觉得世人都是凡夫俗子，没人发现他这块美玉。于是，他去请教一位世界闻名的老画家，他想知道为什么自己才华横溢，却整整三年居然连一幅画都卖不出去。那位老画家微微一笑，问他每画一幅画大概用多长时间。他说一般是一两天，最多不过三天。那位老画家对他说："年轻人，那你换种方式试试吧，你用三年的时间去画一幅画，我保证你的画一两天就可以卖出去，最多不会超过三天。"

这个简单的故事告诉了我们一个深刻而耐人寻味的道理：日臻完美的技艺不是朝夕就能练成的，一个人只有静下心来日积月累地积蓄力量，才能够达到成熟而完美的境界。正如俗话说的"珍贵的事物慢长成"，因其慢，才能经受岁月的考验；凡是速成的事物必没有太多的内涵。这是一条亘古不变的真理。

做事、做人更是这样，磨砺出宝剑，锤炼出精华。无数成功的事例一再证明，"十年磨一剑"，人只有忍受住了艰难困苦、孤寂落寞的考验，经历了静心洗心反省的煎熬，才会把做人的道理参透，体会到人生的核心原则而不是一些皮毛，才会厚积薄发，有所建树。

所以，我们要经常给心灵"除尘"，保持心的洁净，常反躬自省，这样才能客观看待人或事，让人更快乐、更幸福、更成功地俯仰于天地间，纵横在人生波澜壮阔的大海中乘风破浪。

要有社会责任感和奉献精神

《论语》中说："放于利而行，多怨。"意思是说，什么事如果都只追求利益，那就会招来很多的怨恨。这句话也是在告诉我们：不管干什么事情，都不能把金钱看得太重；生活中，人应该有更长远的目光，应该有更高尚的追求，应该有对社会的责任感和奉献精神。

大富翁富勒同许多成功的美国人一样，年轻时一直在为自己的梦想奋斗，就是从零开始，而后积累大量的财富和资产。

到 30 岁时，富勒已挣到了百万美元，此时他雄心勃勃，想成为千万富翁，而且他自认有这个本事。确实，他做到了。他拥有了一幢豪宅、一间湖上小木屋、2000 英亩地产，以及快艇和豪华汽车。但问题也来了：他工作得很辛苦，常感到胸痛；由于他疏远了妻子和两个孩子，他的财富虽在不断增加，但他的婚姻和家庭却岌岌可危。

一天，富勒在办公室心脏病突发，而他的妻子在这之前刚刚宣布打算离开他。他开始意识到自己对财富的追求已经耗费了所有他真正珍惜的东西。他打电话给妻子，要求见一面。当他们见面时，他们热泪滚滚。他们决定消除掉破坏他们生活的东西——他的生意和物质财富。

他们卖掉了所有的东西，包括公司、房子、游艇，然后把所得收入捐给了教堂、学校和慈善机构。他的朋友都认为他疯了，但富勒从没感到比这更清醒过。接下来，富勒和妻子开始投身于一桩伟大的事业——为美国和世界其他地方的无家可归的贫民修建"人类家园"。他们的想法非常单纯："每个在晚上困乏的人至少应该有一个简单而体面、并且能支付得起的地方，用来休息。"

美国前总统卡特夫妇也热情地支持他们，穿上工装裤来为"人类家园"劳动。富勒曾有的目标是拥有1000万美元家产，而现在，他的目标是为1000万人甚至更多人建设家园。

通过这个故事我们可以看出，大富翁富勒曾为财富所困，几乎成为财富的"奴隶",差点因财富失去他的妻子和健康;而后来,他成为财富的"主人",他和妻子自愿放弃了自己的财产,而为人类的幸福工作,他体会到富有的价值和意义。

所以对于一个人来说,一味地追求和占有过多的财富并不是利大于弊,人只有在创造了巨额财富后,并把超出己用的财富回报给社会,才能最大限度地体现出一个人的价值。

现今,越来越多的人有责任和义务的意识,懂得为人一生,应该承担起应有的社会责任感,尽己所能地奉献社会,为社会贡献力量。

据报道,查克·费尼是一位拥有 80 亿美元资产的美国富翁,在过去的 20 多年中,他共向医院、孤儿院等各类慈善机构捐出 40 亿美元。他还打算将剩下的 40 亿美元,在有生之年前全部捐出,现今他只给自己留下了不到 100 万美元的财产。他的义举震动了美国慈善界,对比尔·盖茨和沃伦·巴菲特产生了巨大影响。

查克·费尼自己的生活异常节俭,他和妻子挤在旧金山一套一居室的出租屋里。他从没买过房,也不买车。他总是穿一套破旧的蓝色休闲西装，戴一块廉价的塑料手表，烤奶酪西红柿三明治是他的最爱，他从来没有吃过超过 100 美元一餐的饭。在一次慈善宣传会上，有人向查克·费尼提问："请问您每天工作多少个小时？"查克·费尼回答说："10 个小时以上。"那人调侃地说："真不明白，您每天那么拼命地工作，却将赚来的钱全都捐了出去。您知道吗？我是一个流浪汉，每天才花不到一个小时捡垃圾，可我却生活得比您要好。"会场上顿时响起了一阵巨大的哄笑声。一些人等着看查克·费尼的笑话。这时，查克·费尼却不慌不忙地说："这就是慈善家和懒汉最大的区别！"

生活中，我们要有社会责任感和奉献的思想，不要整天想着去追求对自己有利的东西，而是要把目光放得长远些，把现实的利益看得淡些。就比如关于工资与工作的相互关系，人们站在不同的立场，有种种议论，但是，有一点是肯定的，那就是：人的快乐，不是只靠金钱就能得到的。工作的意义在于对社会贡献的价值。人不管什么工作，如果能够自发地、自主地去进行，就会从中感到工作的意义。而且，重要的是，还能感到发自内心的快乐。所以我们在选择职业时，不要只考虑报酬，须记住，能够在工作中找到乐趣和确定自己的发展方向，为社会做出应有的贡献，实现自己的价值才是关键的。

著名的天文学家詹姆·布拉德莱一生把工作视为事业。有一次，英国女王参观著名的格林尼治天文台，当她得知任天文台台长的詹姆·布拉德莱的薪金的级别很低时，表示要提高他的薪金，给他应有的荣誉和收入。布拉德莱却恳求女王千万别这样做，他说："如果这个职位一旦可以带来大量收入，那么，以后到天文台来工作的人，将会不是天文学家了。能够来这里的人也不是冲着这个来的。"布拉德莱看淡金钱，而是把热爱的天文事业当作毕生的追求，把奉献工作当作自豪的精神值得我们学习。

摆正生活的态度，以贡献社会为毕生的责任，有为他人着想的奉献精神，如果人人都这样不懈努力，社会一定能变得更加美好。

提倡节俭，但绝不吝啬贪婪

现在，我们的生活越来越富裕了，很多人的理财观也发生了很大的转变，为了积累更大的财富，一些人在花钱上能省就省，重视节俭，这是我们当今社会推崇的美德。但也有些人把握不好分寸，反而走入了节俭的另一个误区：贪婪吝啬，斤斤计较。

何谓吝啬？简单地说，就是小气，为了省钱什么都可以不管不顾。这类人貌似是节俭的楷模，但在他们的内心中，唯有金钱、财物才是最重要的。欧也妮·葛朗台是此类人的代表。

事实证明，凡吝啬的人都是金钱的"奴隶"，而不是"主人"。他们为钱而钱，为财而财，敛钱、敛财是这类人的最大嗜好，也是他们人生的最大目的。他们的生活公式是：挣钱、存钱、再挣钱、再存钱……他们的最大乐趣是"数钱"：今天比昨天多了多少，明天比今天还会多多少。他们的哲学是：多了还要多，永远不会有满足的时候。

事实证明，凡吝啬的人一般都不懂感情，不懂亲情，不懂友情；他们不舍得为感情、亲情、友情付出，与人交往都要以金钱的标准去衡量；他们处世原则是：认钱不认人。即使是家人、亲人，也毫不含糊，"账"总是算得清清楚楚的；他们漠视人情，重视金钱，有的甚至达到了"六亲不认"的程度。

凡吝啬的人一般都是自私的、贪婪的。这类人总嫌自己攒钱的速度太慢，总嫌发财的"效率"太低，与人交往总怕自己吃亏，总想挖空心思地、不择手段地占别人、集体、社会的便宜。有些人为挣钱不择手段，他们口袋里的金钱或多或少地带有不洁的成分，人性中的廉耻、善良、底线，慢慢丧失在吝啬者过于看重财物的贪婪中。

其实很多吝啬之人金钱、财富都不缺，然而其灵魂、精神却在日趋贫穷。究其原因，他们的症结就是因为内心太过于贪婪，人生的最高追求就是占有和榨取金钱。也就是说，贪婪导致他们吝啬，贪得无厌最终成为吞噬他们人性中那些真、善、

132

美的元素及高尚精神、崇高信仰的"毒蛇"。

其实，吝啬者根本不懂金钱的价值，也看不透真实的人生本质。他们不懂得这样一个简单的道理：人一无所有地来到这个世界，到最后，也只能一无所有地离开这个世界。所以，吝啬实际上是自己头上套上的一副无形的精神枷锁，让自己越来越贪婪。吝啬使人成为金钱的奴仆，使人活得不自在、不痛快，甚至使人卑鄙和龌龊。

许多吝啬者哪怕再富有、生活得再风光，他们的内心也是不安宁的，他们整天的思维就是围绕着钱转，最担心的是付出，唯恐金钱减少，唯恐自己的亲人、朋友花他们的钱。他们的"小气"、狭隘让他们体现不出人情味，更感受不到爱，由于他们绝不会付出爱，所以其内心世界是极其孤独的。尤其是当他们有难的时候，譬如在遭遇挫折、失败中、境遇不好时，他们才会感到缺少感情支持的悲怆，才会感到因为吝啬而失去的东西实在太多，才会充分感觉到金钱的真正无能。

我们虽然不主张在生活中乱花钱，但也不要养成无限制地省钱存钱的坏习惯，生活中过分地节俭很可能造成贪婪的性格。我国自古以来就有一个著名的成语叫作"过犹不及",我们虽然崇尚节俭,但如果只以一个人靠节俭聚集的金钱多少来衡量他的成功大小,这是片面的看法,是不对的。因为一心只想着积累财富而意识不到更高的的精神和道德品质力量的人,虽然他可以腰缠万贯,但他始终只是一个非常可怜的生物。金钱不管在哪个时代、哪个社会中,都绝不是衡量道德价值的凭证。

真正节俭而无私的人也有很多,比如深得后人敬仰的弘一法师。他不但才华横溢,在文学、诗词、绘画、音乐等传统文化方面贡献很大,而且气节高尚,是一位铁骨铮铮的爱国志士。他在摘编佛言祖语的《晚晴集》中说:"离贪嫉者,能净心中贪欲云翳,犹如夜月,众星围绕。""生死不断绝,贪欲嗜味故;养怨入丘冢,虚受诸辛苦。""……名利、声色、饮食、衣服、赞誉、供养,种种顺情境界,尽情看作毒药、毒箭。""……悲哉众生!欲念未除,道根日坏;佛之视汝,将何以堪?"

弘一法师认为,拼命去追求、拼命去争取、不择手段的人会伤害他人，很多人只争取眼前一点点的小利，却不知道后患无穷。而真正有觉悟的人即使有利，这利也是给大众去享受，这才是智者。

在淡泊名利这一点上，弘一法师也堪为楷模。倓虚法师回忆弘一法师赴湛山寺讲学的情形时说："弘老只带一破麻袋包，上面用麻绳扎着口，里面一件破海青，破裤褂，两双鞋：一双是半旧不堪的软帮黄鞋，一双是补了又补的草鞋。一把破雨伞上面缠好些铁丝，看样子已用很多年了，另外一个小四方竹提盒里面有些破报纸，还有几本关于律学的书。听说有少许盘费钱，学生给存着。……因他持戒，也没给另备好菜饭，头一次给弄四个菜送寮房里，一点没动，第二次又预备次一点的，还是没动，第三次预备两个菜，还是不吃；末了盛去一碗大众菜，他问端饭的人是不是大众也吃这个，如果是的话他吃，不是他还是不吃，因此庙里也无法厚待他，只好满愿！"

可见弘一法师是生活极其节俭的。但从另一个精神层面来说，他又是最大公无私的人，他留给了世人多少优秀的作品和宝贵的精神财富，他帮助过多少人，又教化过多少弟子啊！

中篇　正身

135

　　所以说，我们提倡节俭，但绝不能过分，否则会走向极端，误入吝啬贪婪的歧途。人若能以一颗清净之心，对待外界的功名利禄，永葆内心的坦荡无私，始终不为私利所动，便能把生命的正能量发挥、运用到真正有意义的地方，惠及他人，造福社会。

下篇

正己

勇者不惧，经得住生活的磨难

一个人如果在任何情况下都能勇敢地面对人生，无论遭遇什么都依然保持拼搏的勇气，保持不屈的奋斗精神，那他就是生活中的勇者。

人的生活不可能一帆风顺，难免会有磨难。每个人都可能会有环境不好、遭遇坎坷、工作辛苦、事业受挫的时候。没有勇气、不够坚强的人，当逆境来临时，就会匆匆结束这次"旅行"，提前承认自己的失败；而如果足够坚强，不惧困苦，就能磨练自己的意志，使自己变得坚强勇敢，经得起生活的各种磨难。

贝多芬以他那孤独痛苦却又热烈追求的一生，给世界留下了宝贵的精神财富，鼓舞着无数人奋起，他一直与自己的不幸做斗争。

东汉初期的班超，是历经汉明帝、汉章帝和汉和帝三代的名将，也是历史上通西域、有功于国家的伟大人物。

班超奉王命出使西域，目的是扼制盘踞在西北地区匈奴贵族势力的扩张，进而同西域各国建立友好邦交，联合起来共同抵抗匈奴的侵扰。但出使西域的过程并非一帆风顺，而是困难重重，危机四伏。面对险恶情势，班超不但没有被吓得畏缩不前，反而更加坚定了完成使命的决心和信心。他召集随从，分析了当时的处境，说出了"不入虎穴，焉得虎子"的充满豪气之言，激励部下舍生忘死地完成出使任务，并带领部下进行了艰苦卓绝的斗争。他们历时 31 年，先后攻杀匈奴鄯善、于阗的使节人员，又废掉亲附匈奴的疏勒王，巩固了汉在西域的统治；汉章帝时，他们又陆续平定莎车、龟兹等地贵族的变乱，并击退月氏的入侵，保证了西域各族的安全以及"丝绸之路"的畅通。

班超的故事不是鼓励人们去鲁莽冒险或去做无谓的牺牲，而是激励人们要有勇气、有智谋，要具备坚强刚毅的性格，同时又要审时度势，不逞一时之勇。

古今中外，无数成功之人的例子告诉我们：人在面临艰难困苦时，不要失望，而是要拿出勇气来，坚强面对。一个人如果在困境面前能做到不放弃，敢拼搏，最终往往会走向成功。在人的一生中，苦难其实也有许多"好处"，比如，苦难是衡量友谊的天平，也是了解自己内心世界的镜子，苦难可以使人挖掘出自己的潜力，苦难可以促使人迅速成长、成熟。犹太哲人奥格·曼狄诺指出："一个人，从出生到死亡，始终离不开受苦。犹如宝剑不磨砺就不能发光。人没有磨练，就锻炼不出勇敢刚毅的性格，他的人生也不会完美，人只有经历生命热力的炙烤和生命之雨的沐浴才会受益匪浅。"

很多人也许不知道：当人在遭受煎熬的时刻，往往也正是生命中有最多选择与机会的时刻。任何事情的成败都取决于人内心看待事物的态度，取决于人是"抬起头"还是"低下头"。假如放弃了追求，那么机会也就永远失去了。实际上，许多成败并不是不能改变的，关键在于人是否有勇气选择在逆境中接受苦难，并振作精神，从中找到成功的"萌芽"。

成功的本质就是不断战胜失败的过程。任何一项事业要取得相当的成就，都会遇到困难，都难免要犯错误，难免会遭受挫折和失败。例如，在工作上想搞改革，越革新矛盾越突出；在学识上想有所创新，越深入难度越大；在技术上想有所突破，越攀登阻力越多。著名科学家法拉第说："世人何尝知道：在那些通往科学研究工作者头脑里的思想和理论当中，有多少被他自己严格地批判、非难地考察，而默默地隐蔽地扼杀了。就算是最有成就的科学家，他们得以实现的建议、希望、愿望以及初步的结论，也达不到 1/10。"

也就是说，即使是世界上一些有突出贡献的科学家，他们成功与失败的比率大概也只有 1:10。而对于一般人来说，成功与失败的比率就更低了。所以，在迈向成功的道路上，能不能经受住失败和困难的严峻考验，是一个十分关键的问题。

事实上，由于出现错误、遭受挫折和失败，一些人犹豫徘徊，半途而废；一些人唉声叹气，畏缩不前；一些人悲观失望，自暴自弃。要知道，错误和失败并不会因为人们的不快、悲叹、惊慌和恐惧而不再"光临"。相反，怕犯错误，怕遭失败，怕逢挫折，往往会犯更大的错误，遭更多的失败。所以，对待困境，人应该有勇敢刚毅的性格和态度。

困境是对人的意志的严峻考验。有些人，在成功面前会骄傲自满；一遇困境又陷入消沉之中。而勇敢坚强的人，却能在成功面前不骄傲，在失败面前更加锻炼自己的意志。失败是锤炼人意志的燧石，会让人在一次又一次的敲打之下"闪闪发光"。古往今来，那些献身于人类伟大事业的创造者，在接连不断的困境和失败面前，不但没有被压倒，反而变得更加坚强，表现出了坚定不移向着既定目标前进的英勇气概，困境和失败让他们变得更为卓越。

人经历一次磨难，就如同经过一个黑夜，会迎来一轮新的朝阳，获得人生的一个新起点。磨难会使人充满勇气，会使人变得刚毅，会使人抛弃骄傲，会使人挺直脊梁。每个人都是自己命运的主宰，无论是在逆境中还是在顺境中，因为，人生之舵由自己掌控。没有挨过冻的人不知道衣服的温暖，没有挨过饿的人不知道饭菜的鲜美，只有那些从艰难困苦的岁月中走过来的人才懂得珍惜已有的幸福。

勇气是人精神世界里挑大梁的"支柱"，人没有勇气，精神大厦极有可能坍塌。

勇气是力量的源泉，刚毅是胜利的基石。困境、失败并不可怕，可怕的是因困境而畏缩，丧失了向前的勇气。什么是勇者？敢于面对挑战、敢于应对挫折、困境的人就是勇者！

保家为国，尽忠报国

尽忠报国，出自《北史·颜之仪传》："公等备受朝恩，当尽忠报国。"《宋史·岳飞传》中写道："初命何铸鞫之，飞裂裳以背示铸，有'尽忠报国'四大字，深入肤理。"尽忠报国，意思是为国家竭尽忠诚，勇于牺牲一切，即人们通常所说的热爱祖国。它是人们对自己祖国的一种深厚的情感。

中国自古以来就有重视维护国家整体利益的思想，也有为维护国家统一而自觉抵御外来侵略，同民族分裂主义做坚决斗争的传统，特别是在国家、民族面临生死存亡的重要关头，历史上涌现出无数的仁人志士，谱写了一曲曲爱国主义的赞歌。

"人生自古谁无死，留取丹心照汗青。"这是民族英雄文天祥的发自肺腑之言，可以说是对"尽忠报国"的最好诠释。"国破家亡欲何知，西子湖头有我师。日月双悬于氏墓，乾坤半壁岳家祠。"这是赞扬民族英雄岳飞的美词佳句！古今中外有无数的英雄豪杰，在"国破家亡山河碎"的时刻，做到了保家卫国，尽忠报国！

在禁烟抗英斗争中担任钦差大臣的林则徐生活于清朝后期，当时西方的英、法、美等国的殖民主义者和投机商人纷纷向我国走私鸦片。他们的目的，一是掠夺中国的财富；二是用毒品残害中国人的身体，便于他们侵略。当时，很多爱国的官员看透了他们的险恶用心，坚决主张查禁鸦片，其中林则徐的态度最为坚决。林则徐说："再不禁烟，我国就不会有白银当军饷，就不会有强壮的士兵抵抗侵略了。"他认为，为了国家的尊严，必须禁烟。

皇帝派林则徐去广州查禁鸦片。林则徐到了广州后，命令外国商人把鸦片全部上缴，并让他们保证不再私运鸦片到中国来，否则将对其给予严惩。有些外国商人照办了，可英国商人不肯上缴，英国政府的代表义律还策划阴谋，企图顽抗。林则徐当机立断，坚决行使主权，中断与英方的贸易，并不再为其供应食物和水。英国商人没办法，只好交出了鸦片。1839年6月3日，林则徐亲自到虎门海滩主持销毁鸦片。林则徐以无与伦比的勇气和决心维护了中华民族的尊严，他的爱国精神受到了世人的景仰。

从岳飞精忠报国、文天祥坚定不屈到戚继光抗击倭寇、郑成功收复台湾、林则徐虎门销烟、三元里人民团结抗英直到近代中国抗日战争胜利、解放战争胜利直至新中国的成立，一批又一批的爱国志士在外敌入侵、民族危亡的关头，担负起抗击侵略的历史重任，为中国人民反抗外来侵略树立了光辉的典范。

培育和弘扬爱国主义精神要与时俱进，随着时代发展而不断地丰富、发展。今天，我们要树立高度的民族自尊、自信、自强精神；要勇于同破坏国家统一、损害民族团结、危害社会主义事业的行为进行坚决的斗争；要自觉地和社会主义现代化建设事业同呼吸、共命运，在自己的岗位上努力学习，辛勤工作，促进社会的安定团结，促进国家的建设和改革；要将继承和发扬爱国主义精神，体现在实际行动中。

爱国从来需要的都是实实在在的行动，而不是口号和空谈。从自身做起，从点滴做起，是具有爱国主义精神的最好体现。爱国需要万众一心的凝聚力，需要以天下为己任的责任感。

著名排球运动员郎平，曾获得"全国十佳运动员"、"国际级运动健将"、"世界十佳运动员"等称号，曾任中国女排主教练。

郎平从小就爱好体育，对排球更是情有独钟，参加区里比赛时就小有名气，别人称她"朝阳大炮"。14岁时，郎平进了"第三梯队"的北京第二业余体校，开始进行系统的排球训练。那时她又瘦又高。苦练两年后，她被选入北京青年队，一年后又进了北京队，后来又被袁伟民教练选进国家队。进入国家队后，除正常训练外，郎平常常被教练留下，严格按主攻手的要求练习扣球。有时其他同伴没完成指标要补课，郎平也主动留下一起练。郎平在排球生涯中，承受了惊人的运动量，进步也十分显著。

1978 年 11 月，在曼谷举行的第 8 届亚运会上，袁伟民出人意料地让郎平替换杨希进入主力阵营，在杨希和教练的鼓励下，郎平毫不怯场，在比赛中表现出色，被誉为"中国女排的新兵器"。

翌年，郎平带伤参战，中国女排在香港举行的第二届亚洲锦标赛上首次夺得冠军。赛后，日本排球界称她为"世界第三扣球手"。1981 年世界杯赛上，当时世界排坛呈现中、日、苏、古、美"五强争雄"的格局，中日两队最后都以不败战绩进入决赛。日本队先胜两局，中国队在决胜局的关键时刻，郎平以三个大力重扣，实现了 15：13 的决定性胜利，接着又连胜两局。中国队从而以不败战绩荣获冠军。这也是中国三大球中的第一个世界冠军。在 1982 年的世界锦标赛上，中国队成为"众矢之的"。但郎平与同伴们团结协作，连闯六关，未失一局，再获世界冠军。在 1984 年的洛杉矶奥运会上，当时世界女排呈现中、美、日"三强鼎立"局面。决赛中，郎平冲破日本队的防线和美国队的拦网，带领中国女排实现了世界"三连冠"。前苏联队教练说："要打败中国

下篇 正己

149

队，就得制服郎平。"但"制服"郎平谈何容易！中国女排又在第四届世界杯赛上卫冕成功，实现了世界女排史上破天荒的"四连冠"，大大增长了中国人民的志气。

郎平在她的排球生涯中最大的心愿是要"使中国女排青春常在，不断取得新胜利"。她在离开女排的几年后，于1995年初又毅然回到中国女排，担任主教练。郎平在回国赴任前，并未问过报酬。到任后，她的待遇被定为高级教练三档，实际月薪522元。而此前，她曾同香港八佰伴集团签约出任教练，月薪1.5万美元；而她在美国、墨西哥等地，年收入逾10万美元。对此，好友问她："你为何做那么大牺牲？"郎平回答说："我是以实际行动，诠释真正的爱国精神。"

郎平用她的实际行动，向我们诠释了什么是真正的爱国，什么是真正的爱国主义精神。

作为一个有超过13亿人口的大国，中国需要强大的民族凝聚力。爱国是公民的第一要义，每个人都要把弘扬爱国主义精神作为自己的责任和义务。

三军可夺帅，匹夫不可夺志

孔子说："三军可夺帅也，匹夫不可夺志也。"这种不可夺的"志"，就是坚强的性格和顽强的意志，就是战胜困难的决心和勇气。孔子的一生，几乎到处"碰壁"，但他始终泰然处之，坚守自己的"道"，并坚定不移地为之奋斗。当时，有不少人讥讽孔子为"知其不可而为之者"。而对于世人的不理解，孔子并没有感到悲观，也从没有动摇过自己的信念，他广收学徒，最终，取得弟子三千、桃李天下的大成就。而孔子主张的儒家精神也得到了后世的推崇。

志，可以理解为志向、志气，每个人都有。顺境中的"志"好理解，逆境中的"志"，很多人就放弃了。其实，面对生活中的磨难，人最需要的是坚定的意志和勇往直前的决心。有的人嘴上常说不怕困难，但若碰到环境不好、坎坷遭遇、工作困难、事业受挫，就会感到"对手"太强大了，从而低头屈服。其实，人生的主宰只有自己。人只要自强不息，志不可夺，最终都可以品尝到生活的甘泉。

那些克服不了困难的人在很大程度上是因为他们首先过不了自己那一关。他们怕苦、怕累、怕付出、怕"吃亏"，再加上懒惰、急躁、拖拉、推诿等内在的弱点和外在的困境"齐相呼应，内外夹攻"，毅力岂有不瓦解之理？所以，一个人要想克服困难，首先就要过自己这一关，在困难、困境面前，调整好心态，树立起勇气。人有了不怕困难的勇气，就有了克服困难的精神力量；而没有勇气的人，当逆境来临时，就会提前承认自己的失败。

阿拉伯民间故事集《一千零一夜》里，有一个勇敢的航海家辛伯达，他总是去寻求与大自然抗争、与海盗搏斗的惊险航行经历，而恰恰是这些经历，使他应付危机的能力大大增强，使他一次次走出绝境，安全抵达目的地。

人只要有一颗充满勇气的心，就会在人生的路途上不停下前行的脚步，即使每一步都走得很艰难；人只要有一颗充满勇气的心，就会在人生的大海上没有丝毫懈怠，即使前方巨浪滔天；人只要有一颗充满勇气的心，就会在山穷水尽时及时调整方向，调整心态，寻找另一条路，看到新的景致；人只要有一颗充满勇气的心，即使上天拿掉他的人生砝码，他也能再加上新的砝码，让自己的人生天平重新平衡，让自己的人生焕发精彩。总之一句话：勇气在，成功就在！

发掘潜能，利用优势

人有各种各样的欲望，渴望着成功，渴望着名利双收，可是"人生不如意十之八九"，有些人在失败后有很大的心理落差，甚至由此导致心理扭曲，走上"不归路"。其实，没有人总能成功，也没有人总不成功，不要让自己"吊死在一棵树上"，凡事只要尽力就能做好。

台湾漫画家朱德庸用自己的亲身经历告诉了我们这个道理。

朱德庸，《双响炮》《涩女郎》的作者，现在已经是声名斐赫的著名漫画家。可他在小的时候，并不是老师眼中的"好学生"，他的学习成绩很差，父母都对他失去了信心。

在苦闷不解之时，朱德庸悟出了一个道理：每个人都有自己的天赋，就如老虎拥有锋利的爪子、兔子拥有灵活的腿脚一样；人们大多希望成为"老虎"，但其中很多人只能是"兔子"，因此，何不好好地做一只优秀的"兔子"呢？

朱德庸虽然学习成绩不好，但他对图形特别敏感。他观察生活中各种各样的人，并将他们的脸谱画下来。当他的漫画得到发表并连载时，他受到了很大的鼓舞，后来一举成为全国甚至全亚洲闻名的漫画家。

通过朱德庸的例子，我们可以看出：有些时候不要认为成功只有一条路可走。发现自己的潜能，利用自己的优势，同样可以成功。朱德庸发现了自己的长处，并不断地去努力，最终他成功了。

人要对自身所处的逆境有一个客观的认识和评价。有时我们遇到的逆境，是可以通过后天的努力加以改变的，当然，有些不是通过简单的努力就能改变的，因此，人对改变逆境要有充分的心理准备，万一不成功，要另觅新法。所以，人要学会的是，不要因为失败，困难就哀伤、遗憾，甚至一蹶不振，要知道，每个人的能力都有大有小，任何人都不是全能的，凡事奋发就会有转机。

苏东坡曾因遭受"乌台诗"案的诬陷而被贬黄州。他人生中的这一挫折对他影响很大，使他从"山顶"一下子跌入无底的"深渊"。但身处逆境的苏东坡并没有因此而心灰意冷、怨天尤人，而是泰然处之，尽力而为，虽身处逆境却仍然保持积极乐观的人生态度。这种逆境中的乐观比顺境中的乐观更难做到，但苏东坡做到了，也正是这种人生态度最终成就了他不凡的一生。

不是所有人都能登上珠穆朗玛峰，也不是所有人都能摘取到金字塔顶端的明珠。山顶有山顶的壮美，山腰、山脚也有其不可替代的美景。只要我们尽力而为，奋发前行，就能达到自己力所能及的目标，就可以成功。

在历史长河中，有许许多多所谓的"失败者"，他们皆为梦想尽力而为，有些虽然"出师未捷身先死"，但他们无悔！他们的生命甚至因奋发而更加精彩，他们的精神留存至今。

"我自横刀向天笑，去留肝胆两昆仑。"这是谭嗣同从容就义时的真实写照。"有心杀贼，无力回天，死得其所，快哉快哉！"这是谭嗣同的豪迈、慷慨之语！哪怕是面对死亡，他也毫不畏惧，因为他为国家做到了一个公民的义务。他的大无畏精神在历史的画卷中留下了浓墨重彩的一笔！

万户，世界上第一个尝试飞天的人，虽然和他的火箭一起在半空中"灰飞烟灭"了，但他永远"住"在了自己日夜梦想的太空上——月球上以"万户"命名的环形山昭示着他不可撼动的"航天鼻祖"地位。万户虽然最终失败了，但他不畏牺牲的精神，值得人们永远记住。

布鲁诺，坚决反对地心学说，提出宇宙无限的新学说，却被罗马教皇残忍地烧死在鲜花广场。他牺牲了，却虽死犹荣，他的热血在鲜花广场上刻下了无法抹去的印迹！

从上述事例中可以看到，很多时候并不是成功才有价值，人只要不放弃，就一定能够得到收获。

不是所有的美梦都能成真，不是所有的理想都能结果。在历史的漫漫长河中，有多少人能真正地"至险远之地"

呢？早生华发、壮志未酬的人数不胜数，叹息"行路难、行路难，多歧路、今安在"的人更是成千上万。但是，人只要抱定"尽吾志也而不能至者，可以无悔矣"的心态，只要奋发向上、不断求索、屡败屡战，最终都会有所成就，而是否能取得第一、是否能"至险远之地"不重要，关键是要活出自己无怨无悔的精彩人生！

锲而不舍，坚定信念

有位名人曾经说过："失败只有一种，那就是半途而废！"下定决心做一件事是容易的，但能够坚持到最后取得成功就不那么容易了。有的人头脑"热"一些，没有估计到困难，结果困难一出现，他就退缩了；有的人头脑冷静一点，估计到了困难，可没估计到困难有那么大，结果也退缩了；有的人眼看就要成功了，距成功只有一步之遥、一纸之隔，可就是"挺不住"了，结果，前功尽弃。孟子说，一个人的作为就像挖井一样，他挖呀挖，没水；再挖呀挖，还是没有水；眼看就要挖到水了，他却停了下来，再也不愿挖了。这不是井抛弃了他，而是他抛弃了井；这不是他的力量不够，而是他的意志不坚啊！

东汉时，河南郡有一位贤惠的女子，是乐羊子的妻子。

一天，乐羊子在路上捡到一块金子，回家后把它交给了妻子。妻子说："我听说有志向的人不喝盗泉的水，因为它的名字令人厌恶；他们宁可饿死也不吃嗟来之食，更何况拾取别人丢失的东西。这样会玷污品行。"乐羊子听了妻子的话，非常惭愧，就把那块金子扔到野外，然后到远方去寻师求学。

一年后，乐羊子归来。妻子问他为何回家，乐羊子说："出门时间长了想家，没有其他缘故。"妻子听罢，操起一把刀走到织布机前说："这机上织的绢帛产自蚕茧，成于织机。一根丝一根丝地积累起来，才有一寸长；一寸寸地积累起来，才有一丈乃至一匹。今天如果我将它割断，就会前功尽弃，从前的时间和努力也就白白浪费掉了。"

妻子接着说："读书也是这样，你积累学问，应该每天获得新的知识，从而使自己的品行日益完善。你如果半途而归，那和割断织丝有什么两样呢？"

乐羊子被妻子的话深深打动，于是离家继续学业，一连七年都没有回过家，最终学有所成。

一个人做事，坚持非常重要，绝不能半途而废，不能让之前的努力付诸流水。人生不过几十寒暑，在有生之年，发挥出自己真正的兴趣与才能，一心一意地坚持做下去，才会有所成就。古人说："不经一番寒彻骨，怎得梅花扑鼻香。"提倡的正是一种坚韧、锲而不舍的精神。

　　当今时代有一些颇为浮躁的风气，许多人失去了"凿深井"的精神，还有些人常常感叹做事难成。其实，人生只有"凿深井"，才能喝上深刻而甜美的"水"。

　　1892年夏季的一天，一位演说者到瓦伦斯堡的集会上演讲，他雄辩的语言、扣人心弦的故事深深地影响了一个穿着满是补丁衣服的瘦弱小男孩。

　　演说者说："一个农村男孩，无视贫穷，甚至不顾眼前的一切而努力奋斗，他一定会成功的！"演说者说完便问听众："谁将是那个男孩呢？"

　　接着，演说者自答道："各位女士、先生，你们看看他。"说完，演说者的手随便指了一个方向，尽管他只是随便一指，但那男孩分明觉得演说者正指着自己。从那一刻

161

起，男孩发誓要当一名演说家。

然而，笨拙的外表、破烂的衣服和少了一根食指的左手，让男孩在以后相当长一段时间里都感到非常自卑。

有一次，男孩在演讲时讲着讲着，忘了词，在人们的口哨声中，他汗流满面地站在那里，尴尬至极……连续12次演讲失败让他心灰意冷，他甚至对自己的能力产生了怀疑。

又一次演讲结束后，男孩拖着疲惫的身子往家走，路过一座桥时，他停了下来，久久地望着下面的河水。

"孩子，为什么不再试一次呢？"

不知何时，父亲已经站在男孩身后，正微笑着看着男孩，眼里满是信任与鼓励。

在接下来的两年里，人们几乎每天都可以看到一个身材颀长清瘦、衣衫破旧的年轻人，他一边在河畔踱步，一边背诵着林肯及戴维斯的名言名句。他是那么全神贯注，甚至达到了忘我的程度……

1906 年，这个年轻人以《童年的记忆》为题发表演说，并一举获得了勒伯和青年演说家奖，那一天，他第一次尝到了成功的喜悦。

30 年后，这个年轻人成为美国历史上最著名的心理学家和人际关系学家，他的《成功之路》系列丛书创下了世界图书销售之最，在他去世后的许多年里，在世界的各个地区，人们仍在以不同的方式不断地提起他的名字。他就是被誉为"20 世纪最伟大的人生导师和成人教育大师"的戴尔·卡耐基。

今天，很多人都喜欢用这句"为什么不再试一次呢"去鼓励自己的孩子，而这一句正是卡耐基的名言。

许多时候，面对挫折与失败的打击，我们不能沮丧，而是应该问问自己："为什么不再试一次呢？"人无论做什么事都要懂得坚持的意义，不容许自己有任何半途而废的想法和行动，因为，成功源于坚持，失败则来自未尽而止。

做好能做的事，再去做想做的事

路边的小草，也许不引人注意，但它仍然向世界默默奉献着自己的一星浅绿。幽谷的百合，虽然无人问询，但它仍然向大自然展示着自己的一抹美丽。深秋的菊花，虽已不再灿烂，但它仍然"延伸"着自己的生命，吐露着淡淡的芳香。小花小草虽无法"大红大紫"，却得到了人们的称颂和讴歌，因为它们做好了自己能做的事。

人也是如此，只有先做好自己能做的事，才能进一步去做自己想做的事。纪伯伦说："如果你用不甜的东西去烤面包，那么你烤的面包是苦的；如果你用怨恨去酿造葡萄酒，那么你就像在清冽香醇的酒中滴入了毒液……"这话从反面说明，人要以积极的心态对待事情，才能将事做好。

很多人有眼高手低的毛病，他们在工作中只想做大事，不愿做小事，只想做自己想做的事，而不管自己应该做的事是否做好了。这样的心态导致的结果就是做不好事，做不成事。

很多刚毕业的大学生到了工作单位后对端茶倒水、打扫卫生等一系列"打杂"的工作很不屑一顾，一心想着直接参与单位业务的相关工作。其实，"打杂"也是磨炼人的"性子"，让人在今后工作中能认真工作、踏实工作。

很多时候，"打杂"是用人单位考察实习生素质的一种方式，因为从最基础的事情做起往往最能考察出一个人的工作能力与毅力。一个人如果连最基本的事情都做不好，又何谈其他的呢？

张海迪用笔写下了《轮椅上的日子》《生命的追问》等书，还自学了英语、法语、德语。身残志坚，这是大家对张海迪的第一印象，然而当记者采访她时，她微笑着用实际行动告诉人们，人首先要做自己能做的事，并且努力地把它们做好。

从古到今，有许多人像张海迪一样，在自己的岗位上默默奉献，做着自己分内的事，有许多人一直在埋头实干，以实际行动为工作做奉献。他们正在做的也许并不是他们想要做的事，但是他们懂得要想做自己想做的事，就要先做好自己能做的事。

获得奥运冠军的运动员最常讲的一句话是："当时我什么也没想，就是做好自己应该做的事。"其实，这个"应该做的事"，就是目前自己能做的事。

生活中，很多人被那些"明星"、"偶像"头上的"光环"迷惑和吸引，希望能像他们一样寻找到所谓的"成功的捷径"。但我们必须知道，成功是靠实干干出来的。盲目模仿他人，不从自身条件出发，往往会耽误甚至断送我们的前程。况且，我们所看到的也只是"明星"、"偶像"们"人前显贵"的一面，并没有看到他们在人后的付出。想成功必须付出努力。

做好自己能做的事，也许并不意味着你在事业上一定能取得成功，但在精神上，你一定是一位成功者。

史学家司马迁遭受宫刑后，身心受到巨大创伤，但他强忍痛苦，做好自己能做的事，完成了《史记》这一巨著，给后人留下了宝贵的文化遗产；大发明家爱迪生在经历了一次又一次的失败后，最终有了一项又一项的发明创造。

成功固然让人欣喜，但之前的无数次失败更有着不同寻常的意义。每个人都曾失败过，但最终的成功者一定是做好了自己能做的事才得以成功的。

一个人做事情，不可能样样都精通，只有先把能做的事情做好，才可以成为某一方面的专家，取得一番成就。所以，先把能做的事情做好，是成功的关键。

把自己能做的事情做好，是正确的做事态度，也是自控力强的具体体现。自控力对一个人的人生有很重要的影响。有了自控力，有了不服输的劲头，人就能把事做好。

做好自己能做的事，是一个人成长的基础，是一个人为自己争取做"想做的事"的机会，也是一种气概、一种能力、一种进步。它需要有"咬定青山不放松，立根原在破岩中；千磨万击还坚劲，任尔东西南北风"的执着精神；有"宠辱不惊，闲看庭前花开花落；去留无意，漫随天外云卷云舒"的乐观心态。做好自己能做的事，实际上就是对意志、毅力、心态的考验和磨砺。

做好自己能做的事，才能扬起人生前进的风帆；做好自己能做的事，才能在茫茫大海上驾驭好自己的人生之舟；做好自己能做的事，才能使自己的一生平凡但不平庸。

做好该做的事情，然后去做想做的事情，因为，该做的事情做好了，想做的事情自然就成为该做的事情 ，这是成功之道！

有耕耘才会有收获

天才出自勤奋，一分耕耘，一分收获，古往今来皆是如此。高尔基说："天才就是劳动。"海涅说："人们在那儿高谈阔论着天才和灵感之类的东西，而我却像首饰匠打磨链子那样精心地劳动着，以把一个个小环非常合适地联结起来。"

古时候，有一种乐器叫瑟，发出的声音非常悦耳动听。赵国有很多人都精通弹瑟，使得别的国家的人羡慕不已。

有一个齐国人非常欣赏赵国人弹瑟的技艺，特别希望自己也能有这样的好本领，于是决心到赵国去拜师学弹瑟。

这个齐国人拜了一位赵国的弹瑟能手做师傅，开始跟着他学习。可是这个齐国人没学几天就厌烦了，上课的时候经常开小差，不是找借口迟到早退，就是偷偷琢磨自己的事情，不专心听讲，平时也不愿意好好练习。

学了一年多，这个齐国人仍弹不了成调的曲子。师傅责备他，他自己也有点慌了，心想：我到赵国来学弹瑟学了这么久，如果什么都没学到，就这样回去，哪里有什么脸面见人呢？想虽这样想，可他还是不抓紧时间认真研习弹瑟的基本要领和技巧，一天到晚只想着投机取巧。

他注意到师傅每次弹瑟之前都要先调音，然后才能演奏出好听的曲子。于是，他琢磨开了：看来只要调好了音就能弹好瑟了。如果自己把调音用的瑟弦上的那些小柱子在调好音后都用胶粘牢，固定起来，不就能一劳永逸了吗？想到这里，他不禁为自己的"聪明"暗自得意。

于是，他请师傅为他调好了音，然后用胶把那些调好的小柱子都粘了起来，带着瑟高高兴兴地回家了。

回家以后，他逢人就夸耀说："我学成回来了，现在已经是弹瑟的高手了！"大家信以为真，纷纷请求他弹一首曲子来听听。这个齐国人欣然答应，可是他哪里知道，他的瑟再也无法调音，更无法弹出完整的曲子来。

可见，人要想掌握真正的本领，必须脚踏实地，循序渐进，不能存有投机取巧的侥幸心理。否则，只会得到"必无实诣"、"定不深心"的结果。

俗话说："勤能补拙。"人只要勤奋学习、坚持不懈，再愚笨的人也可以有所成就。有学者曾调查研究过世界上53名学者（包括科学家、发明家、理论家）和47名艺术家（包括诗人、文学家、画家）的传记，发现他们除了个别人聪慧外，还有以下共同品质：

（1）勤奋好学，不知疲倦地工作；

（2）为实现理想，勇于克服各种困难；

（3）坚信自己的事业一定成功；

（4）争强好胜，有进取心；

（5）对工作有高度的责任感。

中国有句古语："只要功夫深，铁杵磨成针。"纵观很多人的成功历程，我们就会发现，他们并非都是智力超常者，他们的成功是与其勤奋不辍地艰苦奋斗、刻苦努力分不开的。

著名的文学家高尔基，在童年时并未表现出某种天才的特质。刚开始他想当演员，报考时，未被看中；后来他偷偷地学习写诗，把写下的一大本诗稿送给作家柯洛连科审阅，柯洛连科看了他的诗稿说："我觉得你的诗很难懂。"高尔基伤心地把诗稿烧了。之后，他发愤读书，不断积累社会阅历和人生经验，终于成为蜚声文坛的文豪。

高尔基的成功并不是特例，研究很多名人的成长道路，可以说几乎都是颇为坎坷的。列夫·托尔斯泰写《复活》，持续了 10 年，仅开头的构思就改动了 20 余次。巴尔扎克写出诗体悲剧《克伦威尔》和十几篇小说后，无人问津，只好放弃文学。29 岁以后，他才再次拿起笔来，以每日伏案工作 10 个小时以上的惊人毅力，创作出一部又一部巨著。

生活实践告诉我们：不愿吃苦、不能吃苦、不敢吃苦的人，往往吃苦一辈子。人无论做什么事情，只要努力不辍，自强不息，就一定会有所发展；只要有孜孜不息、好学不倦的精神，终会有大的成就。所以，我们一定要养成勤奋努力、奋发图强的良好品质，这样才能奠定坚实的基础，一步一步地走向成功。

要能经受住艰苦环境的考验

古人称松、竹、梅为"岁寒三友"，赞美它们经冬不凋的品质，"岁寒三友"的品质同样也可赞美那些在艰难困苦中能经受住各种考验、不屈不挠地与厄运斗争、战胜各种逆境、努力实现自己理想的人。

在生活中，可能会有各种各样的不幸和重重难关在考验着人们的毅力。比如，一个人在遭遇病痛的折磨、不幸的命运、凄惨的经历时，应该怎么办？是自我怜悯、怨天尤人、自暴自弃，还是顽强地与命运抗争，自强不息？

有人说："在命运向你掷来一把刀的时候，你可以有两种选择：抓住刀口或刀柄。如果你抓住刀口，它会割伤你，甚至使你致死；但是如果你抓住刀柄，你就可以用它来劈开一条大道。"很多强者在遭遇人生困苦的时候，勇于迎接挑战，提高自己的"战斗"精神和能力。也有很多人在遭遇困境之时缺乏勇气，任不幸"宰割"。在这方面，我们要向那些杰出的勇士学习。

"乐圣"贝多芬 30 岁时便失去了听觉，但他仍谱写出了宏伟壮丽的《第九交响乐》。

托马斯·爱迪生后来也失去了听觉，他要听自己发明的留声机唱片的声音，只能靠用牙齿咬住留声机盒子的边缘，通过头盖骨骨头受到的震动得到声响。

美国科学家弗罗斯特早年失明，变成了盲人，大家都以为他会被迫放弃挚爱的天文学事业。但这位坚强的科学家不屈不挠地与命运搏斗了 25 年，终于用数学方法推算出太空星群以及银河系的活动变化，为天文学的发展做出了伟大的贡献。

埃及著名文学家塔哈由于患眼疾，在三四岁时就双目失明。性格倔强的塔哈没有向命运屈服，他以惊人的毅力与勇气，顽强地闯出了一条"光明之路"。他以非凡的毅力刻苦学习。少年时他听别人朗诵诗歌，就在心里一遍遍地默记；

他还经常到邻居中间，学习来自民间的淳朴、生动的语言。这一切为他进入大学进一步深造打下了坚实的基础。终于，塔哈凭自己的努力进入著名的埃及大学，并获得了埃及历史上第一个博士学位，并得到国王的亲准，到法国巴黎留学，后又获得法国的博士学位。多年后，通过不懈的努力和自强不息的奋斗，塔哈为阿拉伯文学宝库留下了很多不朽的鸿篇巨制，被誉为"阿拉伯文学之柱"，人们称他"代表了20世纪30年代以来阿拉伯的新文学方向"。

爱尔兰著名作家、诗人斯蒂·布朗一生中写出了五部巨著，令人惊叹的是这些著作是他用左脚趾写成的，其间的艰辛不言而喻。

布朗生下来就全身瘫痪，头、身体、四肢不能动弹，不会说话，长到五岁还不会走路。但五岁的小布朗会用左脚趾夹着粉笔在地上乱画。在母亲的耐心教导下，布朗学会了26个字母，并对文学产生了浓厚的兴趣。布朗努力克服因身体残疾带来的不便，用超出常人的巨大毅力，进行刻苦顽强的训练，学会了用左脚打字、画画，也开始了写作。布朗进行写作时，把打字机放在地上，自己坐在高椅上，用左脚上纸、下纸、打字、整理稿纸，克服了巨大的困难。经过艰苦的努力，塔哈终于创作出大量的文学作品。他的自传体小说《生不逢辰》面世后，轰动了世界文坛，被译成了15国文字，广泛流传，并且被拍成电影，鼓舞着世界人民。这位一生都在与病魔进行顽强斗争的伟大诗人和作家，在其短暂的一生中，一直都在写作。他直到48岁告别人世前，写完了小说《锦绣前程》，为后人留下了宝贵的精神财富。

俗话说："天助者，自助也。"人最奇妙的特性之一就是"具有把负的能量变为正的力量"的特性。普通的钢材只有经过高温的炙烤和铁锤的锻打，才能成为精钢。同样，一个人只有不断地经过困难与挑战的磨炼，才能变得坚强、成熟。

每个人在一生中都会经历各种磨难，重点在于怎样看待这些磨难。

梅隆财团是美国的超级巨富，第一次世界大战以后，它垄断了新兴的制铝工业；第二次世界大战以后，它又以石油为主要产业在美国工矿企业中雄踞首位。据美国《幸福》杂志统计，1970 年梅隆财团控制下的企业总资产约为 329 亿美元，在美国八大财团中占第六位。

梅隆财团的第一代创始人托马斯·梅隆是这份家业的开拓者。梅隆家族祖祖辈辈生活在爱尔兰乡间，比较贫困。14 岁那年的一天，托马斯·梅隆正在种荞麦，突然，他在犁过的田上发现了一本《本杰明·富兰克林自传》。在这本书里，托马斯看到了像他一样的普通人也可以富有教养、通达事理、出人头地。他后来写道："我看到了富兰克林，他比我还穷，但凭着勤奋、节俭，他最终变成了才识出众、睿智果断、富有而闻名的人物。"这个偶然事件影响了托马斯的一生，43 年以后，当他最终建造起象征其事业顶峰的银行大厦时，他没有忘记矗立起一座铁制的富兰克林塑像。

如果你常常觉得自己的生活环境和先天条件不够好，那么，从这些人身上，你应该可以找到勇气，找到"岁寒松柏"的精神。

"岁寒松柏"的精神，能鼓励我们面对困难；"岁寒松柏"的精神，能助我们抗拒阻力；"岁寒松柏"的精神，能指引我们走向成功。

静以修身，俭以养德

"俭为美，奢为罪"，中华民族自古以来就赞美和崇尚勤俭节约，鄙视和厌恶奢侈浪费。古人云："俭，德之共也；侈，恶之大也。""历览前贤国与家，成由勤俭破由奢。"勤俭节约是中华民族的传统美德，是中华民族的优良传统。

可以说，修身、齐家、治国都离不开勤俭节约，早在春秋时期，勤俭节约就作为一种公德，为智者仁人所大力倡导。《论语》中说："夫子温、良、恭、俭、让以得之。"即孔子认为温、良、恭、俭、让是五种好品德，而"俭"就是指节俭。孔子认为，人具有了五种品德，就能赢得人们的信任。后来墨子也极力主张要在衣、食、住、行、丧葬等方面"制为节用之法"，节用即指"俭"，孟子认为"节约"符合"天德"，而奢侈浪费是"亏夺人衣食之财"，侵害别人的生存权。《左传》也有："俭，德之共也，侈，恶之大也。"把俭朴作为培养良好道德品质的基础，把奢侈看成是一切"恶"的根源。后来的诸葛亮在《诫子书》中说："夫君子之行，静以修身，俭以养德，非淡泊无以明志，非宁静无以致远。"更是把勤俭提升到一个高度，把"静以修身，俭以养德"作为"修身"之道。朱熹将"一粥一饭，当思来之不易；半丝半缕，恒念物力维艰"当作"齐家"的训言传之后人；毛泽东以"厉行节约，勤俭建国"为"治国"理念之一。

"勤俭"本身包含着两个方面，"勤"就是尽力地、不断地去做，坚持不懈地为一种追求而奋斗，这是事业获得成功的重要条件；"俭"，一般来说，多指在生活用度上的俭朴和节约。这两个方面是相互联系、相辅相成的。因此，概括说来，"勤俭"也就是勤劳而节俭。勤俭既是公民道德的一种基本规范，又是一个国家重要的建国方针。我国传统美德认为，"勤俭"是一个人为人处世的基本要求。"俭朴"不是"吝啬"，而是一种"节制"，是把钱花在应当花费的地方。

一个具有俭朴美德的人，不但不会以"俭朴"为"寒酸"、为"吝啬"、为"低人一等"，反而把"俭朴"视为一种高尚的境界，并从中培养和陶冶自己"以奢侈为辱、以俭朴为荣"的情操。

相传，在中原的伏牛山下，住着一个叫吴成的农民，他一生勤俭持家，日子过得无忧无虑，十分美满。吴成临终前，把一块写有"勤俭"二字的横匾交给两个儿子，告诫他们说："你们要想一辈子不忍饥挨饿，就一定要照这两个字去做。"后来，兄弟俩分家时，将匾一锯两半，老大分得一个"勤"字，老二分得一个"俭"字。

老大把"勤"字恭恭敬敬高悬家中，每天日出而作，日落而息，年年五谷丰登。然而他的妻子过日子大手大脚，孩子们常常将白白的馍吃了两口就扔掉，久而久之，家里没剩一点余粮。

老二自从分得半块匾后，将"俭"字当作"神谕"供放中堂，却把"勤"字忘到九霄云外。他疏于农事，又不肯精耕细作，每年所收获的粮食自然不多。一家人尽管节衣缩食、省吃俭用，但日子过得还是很艰难。

有一年遇上大旱，老大、老二家中都早已是空空如也。他俩情急之下扯下字匾，将"勤"、"俭"二字踩碎在地。这时候，突然有一张纸条从窗外飞进屋内，兄弟俩连忙捡起一看，只见上面写道："只勤不俭，好比端个没底的碗，总也盛不满！只俭不勤，坐吃山空，一定要挨饿受穷！"兄弟俩恍然大悟，原来，"勤"、"俭"二字不能"分家"，它们相辅相成，缺一不可。吸取教训以后，兄弟俩将"勤俭持家"四个字贴在自家门上，提醒自己，也告诫妻子儿女身体力行，此后他们的日子过得一天比一天好。

其实，历史上，勤俭节约的故事不胜枚举。

毛泽东一生粗茶淡饭，睡硬板床，穿粗布衣，生活极为简朴。他的一件睡衣甚至补了73次，穿了20年。经济困难时期，他主动减薪、降低生活标准，不吃鱼肉、水果。

朱元璋的故乡凤阳至今仍流传着四菜一汤的歌谣："皇帝请客，四菜一汤，萝卜韭菜，着实着香；小葱豆腐，意味深长，一清二白，贪官心慌。"朱元璋给皇后过生日时，只

下篇 正己

183

用萝卜、韭菜、青菜两碗、小葱豆腐汤宴请众官员，而且约法三章：今后不论谁摆宴席，只许四菜一汤，谁若违反，严惩不贷！

然而现在，有很多人非常奢侈浪费。他们请客为了撑排场，虽然只有几个人，却要点一桌子的菜。最后，一大堆菜没吃完，没办法，只好全部倒掉。这样做既浪费了钱财，又浪费了食物。

节约与我们每个人都息息相关。一滴水、一张纸、一度电，好像并不多，但是这一点一滴随着时间的推移，累积下来的数字也慢慢增大，用不了多久，这数字一定会大得惊人。东西都是有限的，如果我们每人每天都浪费一点，可想而知，那将是多大的浪费。

勤俭节约是中华民族的传统美德，我们每个人都应该把它牢记在心头。一个真正明智、懂得勤俭节约的人，会为未来打算，即使在自己面临"好运气"的时候，也会为将来可能降临到自己家庭和自己身上的不幸做些准备；而一个没有头脑的人，根本不会为将来着想，不会考虑到明日可能的艰难，只会把自己的全部都花光用尽。

勤俭节约不仅会给人们带来富裕安宁的生活，还会给人们带来许多益处，比如：培养人们自我克制的习惯；使精明谨慎成为人的显著性格特点；使人拥有安逸闲适平和的心态。勤俭节约的人基本上不会贪婪、吝啬、自私，也不会做违法乱纪之事。

勤俭节约要求金钱被"妙用"而不是被"滥用"——金钱必须通过正当手段获取并应精打细算地花费。勤俭节约的生活习惯不仅适用于金钱，也适用于生活中的每一件事，比如合理地使用时间、精力，都需要勤与俭。勤俭节约意味着科学地管理自己，合理支配自己的时间与金钱，明智地利用自己所拥有的资源。

如果你养成了勤俭节约的美德，那么就意味着你具有控制自己欲望的能力，意味着你已开始主宰自己的人生，意味着你拥有了很多方面的能力，如自力更生、独立自主、谨慎小心、深谋远虑、聪明机智以及独创能力。

但是，在现代社会，勤俭节约的生活习惯在很多人的心中越来越被弱化了。不少人把追求生活质量摆在了勤俭节约的对立面。"勤以修身，俭以养德"在一些人膨胀的虚荣心和无穷尽的物质欲望面前成了一句空谈。孩子们不知父母挣钱养家的不易，一些不正之风正在侵袭，一幕幕攀比斗富的闹剧时时上演，这不能不让人担忧！

其实，勤俭节约并不是需要很大的勇气才能做到的，也不是需要很高的智力或非凡的德行才能做到的，它需要的是从小培养，在生活中约束自己贪图享乐的念头。它不是下一次强烈的决心就能做到的，必须要一点点地进行自我克制，如少喝一瓶饮料，少吃些零食，少穿件漂亮的衣服……这样慢慢地就能养成勤俭节约的好习惯。

我们在生活中有大量可以节俭的地方。比如在洗盘刷碗、洗脸刷牙、洗发洗澡、冲洗厕所的时候，你可曾想过，是否还能节约一滴水？是否在使用电灯、电话、电视机的时候，还能节约一些电？

节约需要的是日积月累、积少成多。如果我们每人每天节约一分钱，全国 13 亿人，一天就是 1300 万元，一年就是

50 亿，这么大一笔钱可以做很多利国利民的事了。

"历览前贤国与家，成由勤俭败由奢。"这是历史上的有识之士从家族兴衰、社稷兴亡、朝代更替的无数经验教训中得到的深刻启示，也是事关国家长远发展和民族兴衰的一个重要战略举措。

秦始皇嬴政统一中国初期，生活上非常节俭，他吃的是一般的饭食，穿的是一般的布衣，不贪图奢侈享乐的生活，而把精力用在修建长城、防止匈奴入侵、确保人民的生活安宁上。这时的秦国强大富裕。但到了秦朝末期，二世皇帝胡亥则不仅不俭，反而大奢。他用了十几年的时间建造阿房宫，用于享乐和游玩，最终国家倾覆，秦朝灭亡。

随着改革开放和现代化建设的发展，我国人民的物质生活水平有了很大提高。但是，我们的国家并不富裕。全国还有很多人未能解决温饱，还有很多人的纯收入在最低生活保障线之下；有不少贫困地区教师发不出工资，孩子上学缴不起学费；有不少地方要靠中央的财政补贴维持生活。"常将有日思无日，莫待无时思有时。"我们国家毕竟是一个经济文化比较落后的发展中国家，即使达到小康水平，也谈不上富裕；即使到 21 世纪中叶达到中等发达国家的水平，也没有理由可以奢侈浪费。毛泽东同志一再告诫我们"要节约建国，节约办一切事业"；邓小平同志也多次讲道："我们是穷国、大国，一定要艰苦创业。"因此，"勤俭节约"的传统美德永远不能丢。

"勤是甘泉水，俭是聚宝盆。"勤俭节约不仅是在物质条件匮乏时的"权宜之计"，它也是一个当代公民应当具备的一种基本素质，是一个民族必须具备的道德品德和精神状态，更是一个进步社会所应当倡导的文明风尚。无论是在艰难困苦的逆境之中，还是在条件优裕的顺利之时，这种道德要求都不会过时，也不应当过时。

历史和现实告诉我们：一个没有勤俭节约、艰苦奋斗精神作支撑的国家是难以繁荣昌盛的；一个没有勤俭节约、艰苦奋斗精神作支撑的社会是难以长治久安的；一个没有勤俭节约、艰苦奋斗精神作支撑的民族是难以自立自强的……每个人都是浪花里的一滴水，无数滴水汇聚起来，才能成为澎湃汹涌的浪涛，才会有波澜壮阔的大海！一个人的力量有限，但无数个有限组合起来，便是无限，便会产生无坚不摧的力量。

如今，为了弘扬勤俭节约精神，人们将 10 月 31 日定为"世界勤俭日"。这一天，世界各地都会组织宣传、讲座，总结节约的硕果和今后努力的方向，使勤俭节约的精神发扬光大，从而为子孙后代留下宝贵的物质财富和精神财富。因此，每个人都应认识到"节约不分大小，浪费都是大错"，培养自己良好的道德品质和行为习惯。

养成勤俭节约的习惯，将是我们自己终生享用不尽的宝贵财富。让我们行动起来，从小事做起，从自己做起，为创建节约型国家、节约型社会尽一点微薄之力吧！

下篇 正己

把孝顺父母当作头等大事

俗话说：百善孝为先。孝敬父母自古以来就是中华民族的传统美德。在我们的一生中，对我们恩情最深的莫过于父母，父母给予了我们生命，辛勤地养育着我们，我们的成长凝结着父母的心血，我们每一个人都是在父母的悉心关怀、百般爱护和辛苦抚养下慢慢长大的。一个人如果对给予自己生命、辛勤哺育自己、对自己恩重如山的父母都不知报答、不知孝顺，那他就丧失了人最基本的"良心"，丧失了做人的基本道德。

世界首富比尔·盖茨在接受记者采访时，当被问到最不能等待的事情是什么时，说："天下最不能等待的事情莫过于孝敬父母！"比尔·盖茨的回答发人深思。

孝顺父母历来都备受贤人推崇，在社会日趋文明进步的今天，我们更应该倡导和弘扬这种优良的文化传统和做人美德，让自己的小家其乐融融，让整个社会上洋溢着尊老敬老之风，让整个世界变得更加和谐、美好！

然而，近年来，我们从各界新闻中不断看到关于父母因遭子女虐待而不得不诉诸法律的报道。在日常生活中，我们也时常听说有些家庭中的兄弟姐妹间因不愿赡养父母而发生口角或冲突。

孙敬修说："不孝敬父母还不如一只乌鸦。"乌鸦有个很好的别名，叫"孝鸟"。乌鸦虽然样子难看，叫得也不好听，可它们是很孝顺的。乌鸦老了，飞不动了，小乌鸦就天天飞到东，飞到西，不怕刮风下雨，也不怕大雪纷飞，四处寻找食物。食物找到了，小乌鸦舍不得吃，叼回来先一口一口地喂给父母吃，就像小的时候父母喂它时一样。

现在有个别子女，父母老了，便丢开不管，叫他们挨饿受冻，或者给他们气受，甚至使得他们悲愤而去，这些行径还真不如一只乌鸦呢！连乌鸦这种飞禽都懂得孝顺父母，作为人，却居然不懂得这个道理，这是多么可耻又是多么可恶！

中国有一句古话："树欲静而风不止，子欲养而亲不待。"意思是说：树枝想要安静，可风总是不停地刮，它没法安静；儿女想要侍养父母，可父母快要离世了，等不得了。所以，我们应该趁父母在世的时候就好好赡养他们。否则，等父母离去了才追悔莫及，那还有什么用呢？

所以，我们该陪陪父母的时候一定不能因自己工作忙或者事情多而找借口拖延，父母健在时我们一定要珍惜和他们共度的每一寸时光，否则将会后悔莫及。

有些人认为，给父母吃的、喝的，穿的，或者每月寄些钱给父母，就是孝敬父母了。其实，这是对孝敬的误解。儒家圣人孔子就不认可这种观点。

孔子认为，如果对父母只是给吃给穿给用，言语不敬，也无暇关心照顾，那同对待犬马有什么两样呢？

孔子所说的"敬"，最重要的是要和颜悦色，也就是说话要温和，脸上要有喜悦之色。俗话说得好："良言一句三冬暖，恶语伤人六月寒。"老年人的心灵已经饱经风霜，尤其需要子女和颜悦色的关怀。一位著名学者指出："和颜悦色是老年人的维生素，它甚至比维生素 C、维生素 B 的作用还要大。"如果我们对父母说话态度急躁，总是呵斥数落，作为生养我们一场的父母，他们怎会不伤心呢？

一般来说，父母对子女的要求并不高，并不是非得好吃好喝。如果你的经济条件不好，你把米饭、面条、白菜豆腐放在小桌上，说一声："爸爸、妈妈，趁热吃吧！"那父母吃起来，也会觉得非常香甜。相反，如果你把大鱼大肉、山珍海味往桌子上一撂，一言不发，或者板起面孔说："吃吧！"即便是再好吃的东西，父母吃着也会不是滋味。

那么，为人子女，我们应该怎样对待自己的父母才算是尽了孝道呢？对待我们的父母，我们不仅要关心他们，更重要的是要尊敬他们。归结起来，要把握三条原则，即合情、合理与合法。

（1）合情。即子女行孝应以爱心为本，以感情为重，设身处地地尽力为父母着想，在对父母表达关怀之情时，应采取其乐于接受的方式。

（2）合理。即子女行孝应适当地运用理性，考虑事实，顾全事理，不要冲动短见，为近误远，以小害大。行孝应量力而行，不宜过度，走入极端，尤不可因行孝而自残自虐自贬，否则即成"愚孝"。

据报道，南方某地，有人在外经商赚了大钱，衣锦还乡之后，为了报答父母的养育之恩，尽自己的孝道，在父母还在世时就为其假设灵堂，大作道场，挥金如土，只为博得一个"孝子"的名声。这种做法，只能说是愚昧，是搞封建迷信，实不可取。

（3）合法。即子女行孝应不违反现行法律，不可因为孝顺父母而有违法犯罪之行为。父母如果要子女做不法的事，子女应好言相劝，不可以孝之名，铸下大错。

选择和有仁德的人在一起

人之初，性本善，但由于环境、经历等不同，人在成长后习性便产生了重大的差异。"性"，是人的原始本性。"习"，则指后天之性，是人性社会化的结果。"习"因人而异，受后天等因素的影响，人与人产生了不一致的地方等因素。因此，孔子在《论语》中说："性相近也，习相远也。"又说："里仁为美。择不处仁，焉得知？"意思是：人性本来是相近的，因为后天因素导致差异，便相差很远了，但如果跟有仁德的人住在一起，是很好的。选择居住时不跟有仁德的人做邻居，怎么称得上明智呢？这说明，孔子很重视环境对人后天之"习"的影响。他认为，居住的地方要认真选择；交往的朋友也要审慎地进行筛选。

　　"孟母三迁"的故事，充分讲述了古人对孔子的"里仁为美"思想的高度重视。

　　孟子是中国历史上了不起的大思想家、大学问家。后人尊称他为"亚圣"，在人们的心目中，孟子的地位仅次于孔子。

　　但是，孟子小时候很顽皮，很贪玩，不愿学习，整天和小朋友打打闹闹。他的母亲为了他的教育问题，时常感到苦恼，可以说是费尽了心思。

　　最初，他家住在一所公墓附近。由于耳闻目睹、经常接触的缘故，孟子和邻居家的小朋友学会了祭祀之礼。于是，他们经常聚在一起，模仿那些出殡送葬的人，又哭又号，又跪又拜，玩举行丧事的游戏。

　　孟子的母亲发现了这一情况后，连连摇头说："唉！这个地方怎么能继续住下去呢？"

　　于是，他们搬家了。他家搬到了街市上，离一个热闹的集市不远。由于孟子和邻居家的小朋友经常出入集市，甚至集市里玩，因此很快就学会大人做买卖的那一套，你装买主，我装卖主，你吹牛，我夸口，把小商小贩招揽客人的模样学得惟妙惟肖。

孟子的母亲看到儿子学成了这样，又皱着眉头连说："不行，这地方也不行，还得搬家。"于是，她又开始东奔西走找居住地。

终于，他们搬到了一所学校附近，孟子耳闻目睹的都是学校中的事，学着和孩子们一起读书、一起游戏，很快，孟子就变得彬彬有礼、勤奋好学了。

孟子的母亲看到孟子开始孜孜不倦地用心读书，会心地笑了，她说："这才是适合居住的地方啊！"

从这个故事中，我们可以看到孟母的不凡之处，她深知一个人的才智不是天生的，需要经过后天的学习和锻炼，她重视环境对人的成长的重要作用。试想，如果没有"孟母三迁"，就不一定会有后来的"亚圣"孟子。

下面这个"高价买邻"的故事，同样印证了"择邻而居"的重要性。

南朝时，有个叫吕僧珍的人，是个饱学之士，他生性诚恳老实，待人忠实厚道。吕僧珍家教极严，他对每一个晚辈都耐心教导、严格要求、注意监督，所以他家形成了优良的家风，家庭中的每一个成员都待人和气、品行端正。吕僧珍家的好名声远近闻名。

南康郡守季雅是个正直的人，他为官清正耿直，秉公执法，不愿屈服于达官贵人的威胁利诱，为此他得罪了很多人，一些达官贵人视他为"眼中钉"、"肉中刺"，总想除去他。后来，季雅被革了职。

季雅被革职以后，一家人只好从宽敞的大府第搬了出来。但到哪里去住呢？季雅不愿随随便便地找个地方住下，为此，他颇费了一番心思，四处打听。

很快，季雅就从别人口中得知，吕僧珍家是一个君子之家，家风极好，不禁大喜。季雅来到吕家附近考察，发现吕家子弟个个温文尔雅、知书达理，果然名不虚传。

说来也巧，吕家的邻居要搬到别的地方去，打算把房子卖掉。季雅赶快去找这家要卖房子的主人，说自己愿意出高价买下房子，那卖房子的人家很是满意，二话不说就答应了。

于是季雅将家眷接来，与吕僧珍做起了邻居。

一次，吕僧珍过来拜访新邻居。两人寒暄一番，谈了一会儿后，吕僧珍问季雅："先生买这幢宅院，花了多少钱呢？"季雅据实回答。吕僧珍很吃惊："据我所知，这处宅院已不算新了，也不很大，怎么价钱如此高呢？"

季雅笑了，回答说："我这钱里面，十分之一的钱是用来买宅院的，十分之九的钱是用来买您这位品德高尚、治家严谨的好邻居的啊！"

季雅宁肯出高得惊人的价钱，也要选一个好邻居，这是因为他知道环境对人的成长是极为重要的，好邻居会给自己的家庭带来好的风气。

生活的环境是愉快和谐的还是会导致人学坏的，身边的朋友是经常鼓励支持你还是经常贬损你，这些对一个人的成长都有着极为重要的影响，甚至关系到一个人的前途与命运。

"物以类聚，人以群分。"成功者的身边总是围绕着同样成功的人士，差别只是成就的大小；而平庸者周围也都是些平庸的人。

正心
正身
正己

　　所谓"近朱者赤，近墨者黑"，环境等外在因系，对于一个人各方面的影响也是不容忽视的，人无论处于什么样的环境中，都要让自己进入进步的氛围中，努力接近鼓励你、有正确思想的人。这些人会成为你的良师益友，若你与和成功的人为伍，相信对你日后的成功会有莫大的帮助。

尚中贵和，礼字先行

中国古人崇尚"和"，以和谐至上。俗语说："和为贵。"但"和为贵"的"和"不是一味地为求和谐而求和谐，而是要用道德的标准去加以规范。

"和为贵"之"和"，按其本义是相对于"礼"而言的。在孔子看来，君臣父子，各有其严格的等级身份，若能各安其位，各得其宜，使尊卑上下都恰到好处，做到"君君、臣臣、父父、子子"，就是"和"。而做到"和"，须有"礼"，有礼貌，讲礼仪，和和气气，友善真诚，谐而有礼，社会和平，就会营造出和谐的社会风气。

为什么古人要"以和为贵"呢？他们认为宇宙万物存在于"和"的状态中，没有"和"就没有整个世界，就没有一切事物的存在。"和"不是单纯的理念，它是一种关系，是多种成分或因素协调共存的一种状态。古人认为，在统一的事物内的各个部分、各种成分和因素，各占有一定的地位，发挥着一定的作用。只有各个部分、各种成分、各种因素所处的地位恰当且搭配合适，事物整体才能达到和谐。就如烹饪，各种材料的选择搭配要恰当，每一种材料的分量也要适度，这样才能做出美味佳肴。就如奏乐，要想演奏出动听的乐曲，各种乐器的配合要得当，声音的高低强弱、演奏的快慢疏密等多方面都应配合好，才能奏出美妙的音乐；如果只是一个音调，干巴巴的，就无法成为"音乐"。古人认为事物"各得其所"，才能达到"和"的目标。

中国古人创造了和谐的最高目标。表现在词语上，如"政通人和"、"家和万事兴"、"和气生财"等等，都体现出古人对和谐的向往和追求。

《孟子·公孙丑下》中说："得道者多助，失道者寡助。寡助之至，亲戚畔之；多助之至，天下顺之。以天下之所顺，攻亲戚之所畔，故君子有不战，战必胜矣。"这段话的意思是："得道"的人，帮助他的人就多；"失道"的人，帮助他的人就少。当帮助他的人少到极点时，就连亲戚都会反对他；当帮助他的人多到极点时，全天下的人都会顺从他。用全天下都顺从的力量，去攻打连亲戚都反对的人，要么不战，若战必胜。孟子这段话，也是对"以和为贵"的间接说法，"和"聚集人就多，"失和"人就会成为"孤家寡人"。"民心向背"对于战争的胜败具有根本性的意义，对于政治同样具有重要的意义。所以"和"不仅体现"人和"，更体现生活方方面面。

牧野之战是中国历史上著名的民心向背、以少胜多、以弱胜强的战例。

《诗经》中记载："牧野洋洋，时维鹰扬。凉彼武王，肆伐大商，会期清明。"商纣王子辛耗巨资建鹿台、矩桥，造酒池肉林，使得国库空虚；宠信爱妃妲己以及飞廉、恶来等一帮佞臣，妄杀王族重臣比干，囚禁箕子，造成诸侯臣属纷纷离叛。

公元前1046年一日清晨，周武王庄严誓师，历数子辛的种种暴行，即"牧誓"。次日拂晓，进军牧野。由于商纣王一贯恶行以及百姓、兵士积怨极深，战事刚刚开始，商军就已倒戈溃散。商纣王只好逃回朝歌，登上鹿台，"蒙衣其珠玉，自燔于火而死"，商朝灭亡。

历史上的"晋国智伯水淹赵氏，反被赵氏所灭"也是经典的阐述"人和"的例证。公元前455年，智、魏、韩三家的兵马把晋阳围住，而赵氏的军队士气旺盛，坚守城池，使敌方难以攻下，双方相持了近两年时间。到了第三年，即公元前453年，智伯引晋水淹晋阳城。几天后，城墙差几尺就要全部被淹了，城里高悬锅子烧饭；粮食没有了，甚至交换孩子来吃。臣僚间开始出现离心倾向，形势危急。赵襄子派相国张孟乘黑夜出城，分化三家的联盟。张孟对韩康子与魏桓子说："唇亡齿寒，赵亡之后，灭亡的命运就要轮到你们了。"韩、魏参战本来就是不情愿的，又见智伯专横跋扈，也担心智伯灭赵后将矛头对准自己。为了自身利益，韩、魏决定背叛智伯，与赵襄子联合。一天晚上，韩、赵、魏三家用水反攻智伯，淹没了智伯的军营，智伯驾小船逃跑，最终被赵襄子抓住杀掉。最终赵襄子灭掉了智氏一族，韩、赵、魏三家平分了智氏的土地和户口，各自建立了独立的政权。

可见，得民心者得天下，失民心者失天下。

"和"是智慧，是制胜的法宝。失"和"，有时不仅仅失去利益，也许会断送自己的命运。而崇"和"，有时不只得到利益，更会给自己带来机会、成功。

容人容事，宅心仁厚

中国古人讲究宽容仁厚，千百年来，人们奉行着容人容事的处事原则，即使认为他人有了过失，只要认识了，改正了就好。哪怕真的犯下了"不可饶恕"的过错，也要给人自新的机会，尽量宽以待人。

宽容不仅是做人的美德，也是一种明智的处世原则，是人与人交往的"润滑剂"。很多人认为自己"不走运"，只是因为对他人一时的狭隘和刻薄，在自己前进的路上自设了"绊脚石"导致的；而很多人认为自己"幸运"，事业成功，家庭幸福，也是因为他们常常对他人施以恩惠和帮助，拓宽了自己前行的道路。

宽容犹如冬日正午的阳光，会把他人心田的冰雪融化成潺潺细流。一个不懂得宽容别人的人，会在人际交往中处处碰壁；一个不懂得宽容自己的人，也会因为把生命的弦绷得太紧而使自己伤痕累累，甚至消沉怠惰。

人倘若太吝惜自己的私利，不肯为别人让一步路，那么最终很可能会无路可走；人倘若一味地逞强好胜而不肯接受别人的一丝意见，最终会难以向前；人倘若一味地求全责备而不肯宽容别人的一点瑕疵，最终也会如凌空在过高的山顶，因缺氧而窒息。而这一切，都是因为自己心胸窄、无宽容素养所致。

西方圣贤把人比喻为"会思想的芦苇"，说明人弱小易变，但人如何变得强大，首先需要具备宽容的心态、能容人容事的胸怀。

宽容并不意味着对恶人横行的迁就和退让，也非对自私自利的鼓励和纵容。所谓宽容，就是以善意去宽待有着各种缺点的人或事。宽容，因其胸襟宽广而容纳了狭隘，因其心量大度而让他人他事变得简单。

日常生活中，当我们的利益和别人的利益发生冲突时，不要怕"吃亏"，自己偶尔吃一点亏其实没有什么大不了的。

郑板桥说："吃亏是福。"这绝不是阿Q式的精神自慰，而是其一生阅历的智慧高度概括和总结。

清朝时有两家邻居因一道墙的归属问题发生争执，欲打官司。其中一家想求助于在京为大官的亲属张英帮忙。张英没有出面干涉这件事，只是给家里写了一封信，力劝家人放弃争执，信中有这样几句话："千里修书只为墙，让他三尺又何妨？万里长城今犹在，谁见当年秦始皇。"家人听从了张英的劝说，邻居也觉得很不好意思，两家最终握手言欢，由互不相让的争执变成了真心实意的谦让，达到了宽容的最高境界。

《菜根谭》中讲："路径窄处留一步，与人行；滋味浓时减三分，让人嗜。此是涉世一极乐法。"可谓深得处世的奥妙。

有一个女人总在喋喋不休地对人们说邻家有多脏。有一回，她故意将一位朋友领到家里，指着窗外说："你看那家阳台绳上晾的衣服多脏！"但那位朋友却悄悄地对她说："如果你看仔细点，我想你能明白，脏的不是人家的衣服，而是你家的窗玻璃。"

是的，不要去指责他人，先来反省自己。宽容体现在生活中的方方面面。即使脏的真是邻家的衣服，我们又为什么不能表示理解和容忍呢？

雨果说："世界上最宽广的是大海，比大海更宽广的是天空，比天空更宽广的是人的胸怀。"宽容是人生的一种最高境界，也是一种让自己进步的巨大力量，更是温暖人心灵的源头。每个人都应该用宽容的心、善待他人的心去对待他人他事、对待自己、对待周围，这样世界会变得更加美好。

助人为乐，爱满天下

人最大的快乐就是帮助别人，在帮助别人的过程中自己的心灵也会得到净化。助人为乐，不是一句空洞的口号，而是应体现在行动上，体现在一点一滴的小事上。

从古至今，我国流传着很多助人为乐的事迹。

春秋时期，齐相晏婴在出使晋国的路上，遇到一个饥寒交迫的人。经过询问，晏婴得知这个人叫越石父，是个齐国人，卖身为奴已经三年了。晏婴见他谈吐不凡，是一个有修养的君子，就把他赎了下来，与他一起坐车回齐国。

回到相府后，晏子没跟越石父告辞就进了自己的房门。越石父很生气，要与晏子绝交。晏子派人传话给他："我不曾与你结交，谈何绝交？你当了三年奴仆，我今天看见了把你赎回来，我对待你还算可以吧？你怎么可以恩将仇报，说什么绝交？"越石父说："我听说，贤士在不了解自己的人面前会蒙受委屈，在了解自己的人面前会心情舒畅。因此，君子不因为对人家有恩而轻视人家，也不因为人家对自己有恩而贬低自己。我给别人当了三年奴仆，却没有人理解我。现在您把我赎回来，我认为您已经理解我了。先前您坐车，不同我打招呼。我以为您是一时疏忽了。现在您又不向我告辞就直接进入房门，这同把我看作奴仆是一样的。既然我还是奴仆的地位，就请再把我卖掉吧！"

晏子听了越石父的话，走出来，请求和越石父见礼。晏子说："以前我只看到了您的外表，现在了解了您的内心。我向您道歉，您能不抛弃我吗？我诚心改正自己错误的行为。"晏子命人洒扫厅堂，向越石父敬酒，对其以礼相待。越石父说："先生以礼待我，我实在不敢当啊。"晏子从此把越石父奉为上宾。而越石父后来为晏子立下了汗马功劳。

以礼待人，助人为乐，不仅能结交到知心朋友，也是值

得提倡的美德之一，帮助他人，而不是施舍他人，尊重是第一要义。

随着改革开放和经济的飞速发展，我国人民的物质生活得到了很大的提高，精神生活也得到了充实。目前社会上从事志愿服务、热心公益事业、乐于助人的人越来越多，从他们身上，我们可以看到无私奉献的宝贵品格以及我们国家不断提倡的文明风貌。越来越多的人以助人为快乐之本，如搀扶盲人过马路，在公交车上将自己的座位让给老人等，从这些小事中我们可以看到人们助人为乐的友爱、善良之心。

中国自古就有"一方有难，八方支援"的优良传统。从2008年的汶川大地震到甘肃舟曲的特大泥石流事件，很多人拿出了助人为乐精神，伸出援助之手，帮助受灾的人从灾难中走出来，重建家园。

助人为乐是一种美德，这种美德让世界充满了爱，让世界变得更加美丽。

在2008年的"5·12"汶川地震中，陈光标除了向地震灾区捐赠款物过亿元之外，还带领由 120 名操作手和 60 台大型机械组成的救援队千里救灾。在他们的帮助下，131 人得救，其中，陈光标亲自抱、背、抬，救出 200 多人，救活 14 人。2009 年，陈光标在南京捐资 1 亿多元建立了"黄埔防灾减灾培训中心"，免费向公众提供服务。2010 年 8 月 7 日，甘肃省舟曲县发生特大山洪泥石流灾害，第二天陈光标就派出重型机械 16 台，并从公司的拆除施工的队伍中抽调 23 人组成救援队赶赴灾区，投入救援工作。8 月 13 日上午，陈光标又捐献了 1000 万现金及 5000 台电脑，并明确表示这些物资将用于甘肃舟曲地区的抗灾救援，以及支持新疆、青海、云南、贵州、四川、山西等偏远地区教育事业的发展。

帮助他人，自己也会乐在其中。陈光标的善举带动他周围更多的人一起行动，奉献自己的爱心，伸出援助之手，帮助需要帮助的人。

中国有句古语："无以善小而不为，无以恶小而为之。"助人为乐并不一定非得要做什么惊天动地的大事，一件小事、一个善意的举动都会让受助者觉得这个世界充满了爱，让伸出援手的人觉得自己的付出变得有意义。

一个穷苦的学生考上了大学，可是家里没有多余的钱给他交学费。这个学生为了实现自己的大学梦，便利用暑假挨家挨户推销商品。为了凑足学费，他舍不得多花一分钱，有时候甚至硬着头皮向他人讨要一些剩余食物。

有一天，他敲开了一户人家的门，开门的是个小女孩，他感觉很不好意思，就向小女孩要了一杯水解渴。小女孩看出他很饿，拿水的时候就多拿了几块面包，他狼吞虎咽地吃着，小女孩在旁边看着笑。吃完后，他问小女孩这些吃的要多少钱，小女孩对他说不要钱，小女孩说这些食物她们家有很多。男孩觉得自己非常"幸运"，得到了女孩温馨的关照。

多年以后，当年的那个小女孩不幸得了很严重的病，住进了医院。在医院的精心治疗和照顾下，已长大成人的姑娘病情逐渐转好，没过多久，姑娘康复了。出院那天，护士交给姑娘一张医疗费用账单，姑娘愣了好久都不敢打开，她知道自己没有那么多钱来交这笔医疗费。但当她最后鼓起勇气打开时，只见上面只写着一句话：一杯水和几块面包，足够偿还所有的医疗费。姑娘明白了，替自己付费的医生就是当年的那个穷学生。

助人为乐，是我们每一个人都应该做的；不求回报，也是我们中华民族的传统美德。雷锋日记里写着这样一句话："一滴水只有放进大海才能永远不干，一个人只有当他把自己和集体融合在一起的时候才能有力量。"生活在社会中的每一个人都离不开他人的帮助。所以，要让"助人为乐"的观念越深入人心，这样社会才会和谐有爱。

现今，社会提倡"以团结互助为荣、以损人利己为耻"，使社会主义精神文明得到新的弘扬和发展。助人为乐是形成和推动社会进步的强大力量。让我们每个人都加入到助人为乐这个行列中吧，只要人人都奉献出一份爱心，我们这个社会就会充满爱。